ZWERGGARNELEN

DIE GATTUNGEN *CARIDINA* UND *NEOCARIDINA*

Michael Wolfinger & Jürgen Schmidt

Bildnachweis

Titelbild: Kardinalsgarnele (oben) und Harlekin-Garnele (unten), Fotos: M. Wolfinger, M. Reif

Rückseite: Blaue Tiger-Garnele Foto: B. Kahl

Bild Seite 1: *Macrobrachium kulsiense* Foto: M. Wolfinger

ISBN: 978-3-86659-107-3

An der Kleimannbrücke 39/41
48157 Münster
www.ms-verlag.de
Geschäftsführung: Matthias Schmidt
Lektorat: Kriton Kunz
Layout: Ludger Hogeback - hohe birken
Druck: Druckhaus Fromm, Osnabrück

Inhalt

Rote Nashorngarnele
(*Caridina gracilirostris*)
Foto: J. Schmidt

Vorwort

Wurden Garnelen früher höchstens als interessante Ergänzung zum Fischbesatz gepflegt, so haben sie heute schon viele Aquarianer in ihren Bann gezogen. Beim derzeitigen Boom wird zwar leicht übersehen, dass diese Krebstiere bereits seit Jahrzehnten regelmäßig in Süßwasseraquarien gehalten werden, allerdings waren dies meist Vertreter größerer Arten, die nicht so leicht in Gefahr gerieten, auf dem Speiseplan der Fische zu landen. Die winzigen Zwerggarnelen, die obendrein noch in Spezialaquarien untergebracht werden, sind eine aktuelle und erfreuliche Erscheinung der Aquaristik. Ihren Ansprüchen entsprechend gepflegt, sind Zwerggarnelen der Gattungen *Caridina* und *Neocaridina* sehr dankbare Aquarientiere.

Ursprung dieses Trends war vor allem die Tatsache, dass die Tierchen mit großem Eifer Algen von den Wasserpflanzen und der Dekoration abweiden. Spätestens seitdem sich diese Tatsache herumgesprochen hat, steht der zunehmenden Verbreitung der faszinierenden Zwerggarnelen in unseren Aquarien nichts mehr im Wege.

Aquarianer zählen übrigens auch jene Arten zu den Süßwassergarnelen, die als Jugendstadien im Meer oder Brackwasser leben. Später wandern sie beispielsweise die Flüsse aufwärts, wo sie sich dauerhaft aufhalten und auch fortpflanzen. Die Larven gelangen dann mit der Strömung zurück, und der Lebenskreislauf schließt sich.

Viele Neuimporte prächtiger Zwerggarnelen bereichern die Aquaristik ständig, und sicherlich wird die Zukunft noch viele Überraschungen bereithalten. Hoffen wir auf weitere neu und wiederentdeckte Zwerggarnelen aus aller Welt!

Michael Wolfinger & Jürgen Schmidt
Nürnberg & Ruhmannsfelden,
im Herbst 2009

Tigergarnele (*Caridina* sp. „Tiger“)
Foto: J. Schmidt

Beschreibung und Merkmale

Garnelen und somit auch die Zwerggarnelen der Gattungen *Caridina* und *Neocaridina* gehören zum Unterstamm der Krebstiere (Crustacea; Stamm: Arthropoda, Gliederfüßer) und hier wiederum zur Ordnung der Zehnfußkrebse (Decapoda) – zumindest die aquaristisch relevanten Arten.

Wussten Sie schon?
Mit dem Begriff Garnelen werden unterschiedliche Gruppen bodenbewohnender oder frei schwimmender Krebstiere zusammengefasst, die keine natürliche Abstammungsgemeinschaft bilden. Garnelen sind sowohl als Räuber wie auch als Beutetiere wichtige ökologische Schlüsselgruppen.

Kennzeichnend für Garnelen, die allerdings keine natürliche Abstammungsgemeinschaft bilden, ist beispielsweise, dass die Schwimmbeinpaare am Hinterleib zurückgebildet sind.

Der Körper der Garnelen lässt sich in Kopfbereich (Cephalon), Vorderleib (Thorax) und Hinterleib (Pleon oder Abdomen) unterteilen. Die einzelnen Körperabschnitte sowie deren Segmente sind äußerlich durch eine elastische Membran verbunden. Der Vorderleib besteht aus mehreren miteinander verschmolzenen Segmenten.

Das Außenskelett dieser Wirbellosen besteht aus Chitin. Die ausschließlich das Wasser bewohnenden Zwerggarnelen atmen mit Hilfe von Kiemen.

Alle Krebsverwandten zeichnen sich durch ihr Gleichgewichtsorgan aus, die Statozyste, eine mit Flüssigkeit gefüllte Blase, in der ein Kalk- oder Sandkorn liegt, der Statolith. Bei Bewegungen berührt das Körnchen Sinneshärchen an seiner Hülle und reizt sie. Der Reiz wird an das Nervensystem weitergeleitet, ermöglicht auf diese Weise die Feststellung der Schwerkraftrichtung und somit die Orientierung im Raum. Auf diese Weise ist auch die Ermittlung der eingenommenen Position möglich. Die Statolithen werden jeweils nach den Häutungen ersetzt.

Die Red-cherry-Garnele ist eine Zuchtform von *Neocaridina heteropoda.* Foto: M. Wolfinger

Garnelen besitzen drei unterschiedliche Beinarten. Am Hinterleib befinden sich fünf Schwimmbeinpaare, die überwiegend zum Schwimmen eingesetzt werden, wie es ihr Name schon impliziert. Diese Beine können sehr schnell bewegt werden, um einen ausreichenden Antrieb zu gewährleisten. An der Brust sitzen drei Schreitbeinpaare, die zur Fortbewegung am Boden oder zum Klettern dienen. Zwei weitere, umgestaltete Beinpaare unterhalb des Kopfs werden vorwiegend als Fresswerkzeuge genutzt.

Die Garnelen werden einer bestimmten systematischen Auffassung zufolge in zwei Großgruppen unterteilt, sogenannte Unterordnungen, die Geißelgarnelen (Penaeoidea) und die Eigentlichen

Sumatra-Color-Garnele (*Caridina brevicarpalis*) Foto: J. Schmidt

Die Großarmgarnele *Macrobrachium* sp. „white claw“ ist eine von Aqua-Tropica Nürnberg erst kürzlich neu eingeführte Art.
Foto: Aqua-Tropica

Garnelen (Caridinea) – hierher gehören mit immerhin gut 3.000 Arten die meisten Süßwassergarnelen. Aquaristisch bekannt sind vor allem unsere Zwerggarnelen der Gattungen *Caridina* und *Neocaridina* sowie die Fächergarnelen der Gattung *Atya* aus der Familie Atyidae. Die recht große Gattung *Caridina* enthält bisher über 260 Arten, die Gattung *Neocaridina* gerade einmal 20.

Die Felsengarnelen gehören mit rund neun Gattungen und ca. 230 Arten zur Familie Palaemonidae. Allein 180 Arten davon entfallen auf die Großarmgarnelen der Gattung *Macrobrachium*. Ein wesentliches Merkmal der Großarmgarnelen im Gegensatz zu den *Caridina*- und *Neocaridina*-Arten sind ihre langen, dünnen Scherenbeine. Macrobrachien werden meist auch deutlich größer als Zwerggarnelen. Letztere zeichnen sich durch ihre winzig kleinen Scheren aus, die bei den meisten völlig harmlos sind. Mit ihrer Hilfe grasen sie unermüdlich Algen und andere Mikroorganismen von Pflanzen und Gegenständen, ja sogar von Artgenossen ab. Die Unterscheidung von *Caridina* und *Neocaridina* mit bloßem Auge ist wesentlich schwieriger. Ursprünglich – und leider falsch – wurde gelegentlich behauptet, dass jene Zwerggarnelen mit großen Eiern, deren Larven gleich

Atyopsis moluccensis wird ca. 8–10 cm groß und gehört zu den Fächergarnelen.
Foto: M. Wolfinger

nach dem Entlassen zum Bodenleben übergehen, zu *Neocaridina* gehörten, während jene mit winzigen, stecknadelkopfgroßen Eiern *Caridina* seien. Zudem bringe *Neocaridina* auch fertig entwickelte Jungtiere zur Welt, während alle *Caridina* zum primitiven Fortpflanzungstyp gehörten. Diese Aussagen lassen sich so aber nicht aufrechterhalten. Da sich die Gattungen äußerlich nur schwierig differenzieren lassen, sind ein gutes Mikroskop oder besser eine gute Stereolupe sowie Kenntnisse der speziellen Garnelenanatomie nötig.

Die Crystal-red-Garnele ist eine Zuchtform der Bienengarnele und kommt nicht in der Natur vor. Foto: B. Kahl

Männliche *Neocaridina* besitzen meist ein rundliches Endopod an den ersten Schwimmbeinen, den Pleopoden. Endopoden sind Körperanhänge an den Gliedmaßen, die als Begattungsorgan fungieren und artspezifisch sind. Weiterhin zeigen viele *Neocaridina* einen winzigen Dorn, den Pterygostominalwinkel, an der Vorderseite des Rükkenpanzers. Ein weiteres wichtiges Unterscheidungsmerkmal sind Anhänge der Mundwerkzeuge (Maxillipeden).

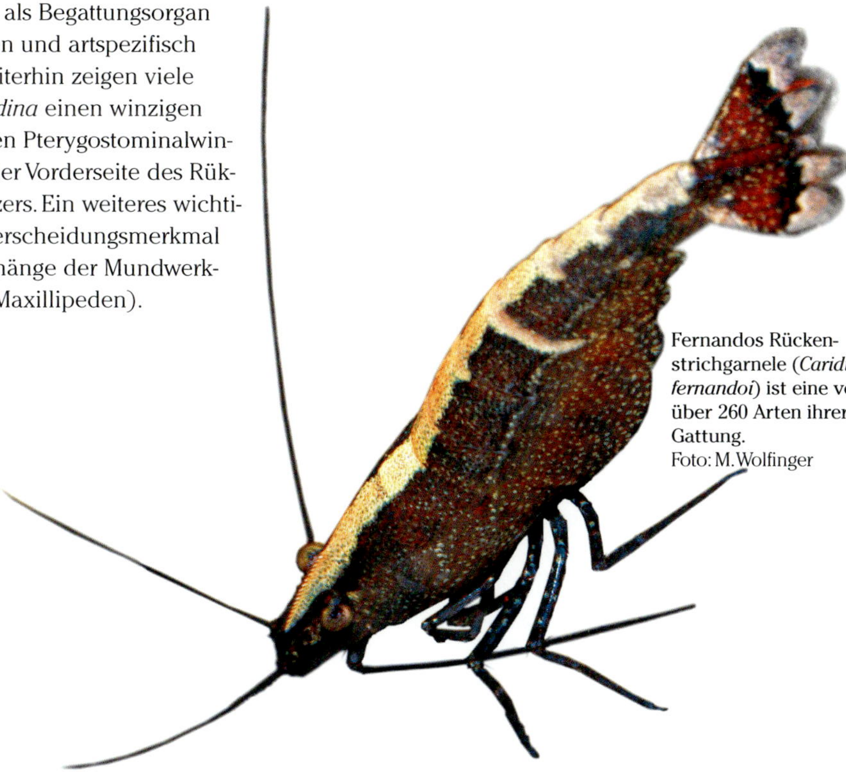

Fernandos Rückenstrichgarnele (*Caridina fernandoi*) ist eine von über 260 Arten ihrer Gattung. Foto: M. Wolfinger

Verbreitung und Lebensraum

Foto: J. Kühne

Süßwassergarnelen sind weltweit verbreitet. Die Zwerggarnelen stammen zwar vor allem aus Asien, es gibt jedoch auch in Europa, Afrika und Amerika sehr ähnliche Formen. Lediglich in Australien und den Polarregionen fehlen sie ganz.

Die meisten Zwerggarnelen bewohnen Pflanzendickichte in langsam fließenden Gewässern. Auch von ihnen besiedelte Seen verfügen über Zu- und Abfluss. Zwerggarnelen leben in größeren Gruppen, auch wenn direkte soziale Kontakte selten sind.

Die *Caridina*- und *Neocaridina*-Arten sind im Süß- und Brackwasser im gesamten asiatischen Raum, sowohl auf dem Festland als auch auf den größeren Inseln wie Sri Lanka oder Japan, sowie auf den zahlreichen indonesischen Inseln in Flüssen verbreitet, außerdem im Pazifikraum. Die bekannteste Art unter ihnen, die Amano- oder Yamatonuma-Garnele (*Caridina multidentata*, früher *C. japonica* genannt) wurde in Japan und auf verschiedenen Nachbarinseln entdeckt. Dort ist sie vor allem in küstennahen Flüssen beheimatet, die in den Pazifik münden. Vor ein paar Jahren wurde sie auch in Gewässern im östlichen Teil Japans nachgewiesen. Diese Garnele lebt bevorzugt im Ober- und Mittellauf der Flüsse. Ihre Larven dagegen benötigen Brackwasser, um heranwachsen zu können.

Caridina cf. *cantonensis*, die Bienengarnele, ist beispielsweise in Hongkong weit verbreitet. Sie lebt dort in Bächen, deren Grund mit großen Steinen bedeckt ist, zwischen denen sich Sand und Kiesbereiche befinden. Man trifft die Tiere dort in schattigen Bereichen mit einem pH-Wert um 6, vor allem dort, wo sich Falllaub und Geäst gesammelt haben.

Interessant ist auch die Herkunft der sog. Red-cherry-Garnele. Sie wurde von einem Fischfutterfänger auf Taiwan lediglich in kleiner Anzahl in einem ca. 30 cm tiefen Tümpel gefunden, der mit Fadenalgen und Pflanzen bewachsen war. 2002 wurden erstmals Nachzuchten dieser Form aus Taiwan nach Deutschland importiert. Bis heute erfolgte ihre Verbreitung über Verschleppung durch den Menschen fast in den gesamten südostasiatischen Raum.

Caridina fernandoi ist, wie hier in Sri Lanka, in langsam fließenden Gewässern anzutreffen, während vor allem Garnelen der Familie Palaemonidae wie die Amazonas-Grasgarnele in Amazonien in schneller strömenden Gewässern leben.
Fotos: J. Kühne

Inzwischen konnten die meisten der Garnelen, die in unseren Aquarien leben, wissenschaftlich zugeordnet oder neu beschrieben werden. Dennoch werden viele Zwerggarnelen unter geläufigen Fantasienamen wie Zebra-, Tiger- oder Red-cherry-Garnele verkauft.

Erfreulicherweise werden auch immer wieder neue Zwerggarnelenarten entdeckt. Manche davon werden leider nur kurz wissenschaftlich beschrieben und verschwinden dann wieder. Nur die farbenprächtigsten Arten und Varianten wie die Red cherry oder nützliche wie die Amano-Garnele können sich längerfristig in der Aquaristik behaupten. Das ist sehr bedauerlich, denn auch die weniger farbenfreudigen Zwerggarnelen zeigen oft sehr interessante Verhaltensweisen, und es lohnt sich, diese zu dokumentieren und zu beschreiben.

Das Zwerggarnelen-aquarium

Wer sich ein Artaquarium mit diesen winzigen Krabblern einrichten möchte, um die Tiere ungestört beobachten zu können, der kann dies schon mit sog. „Schreibtischaquarien“, neudeutsch auch „Nano-Aquarien“ genannt, ab etwa 12 l Inhalt praktizieren. Weil sich aber manche Garnelen recht schnell vermehren können und größere Behälter zudem im biologischen Gleichgewicht stabiler sind, sind Becken ab einer Größe von etwa 55 l Inhalt zu empfehlen. Dabei haben sich die oft preisgünstigen 60-cm-Komplettsets sehr gut bewährt.

Zwerggarnelen sind überraschend flinke und bewegliche Tiere. Leider gelangen sie durch jede noch so kleine Öffnung. Deshalb muss das Aquarium für Zwerggarnelen völlig lückenlos geschlossen sein. Öffnungen in der Abdeckung wie die vorgefertigten Löcher für Schläuche und Kabel werden von den Garnelen schnell zur Flucht in den Tod genutzt. Dies ist vor allem dann oft der Fall, wenn sich Pflanzen im Aquarium befinden, die bis an die Wasseroberfläche wachsen. Es empfiehlt sich, solche Öffnungen mit Filterwatte oder Teilen eines alten Filterschwamms sehr gut abzudichten.

Da für die Zwerggarnelenpflege vor allem kleine Aquarien zum Einsatz kommen, spielt die Statik des Wohnungsbodens bei der Aufstellung keine Rolle, wenn nicht gerade eine umfangreiche Anlage installiert werden soll. Ein fester Unterschrank mit einer glatten Ober-

Die Körnung des Bodengrunds sollte zwischen einem und vier Millimetern betragen. Foto: J. Schmidt

fläche (am besten Schaumstoffmatte unterlegen), auf der sich der Druck gut verteilt, ist allerdings vonnöten. Geeignet sind bereits ein stabiles Regal, ein Tisch oder ein niedriger Schrank. Für größere Aquarien ab 60 cm oder mehr empfiehlt sich ein stabiler Aquarienunterschrank, wie er gelegentlich im Komplettset enthalten ist. Ein gefülltes 60-l-Aquarium kann – inklusive Einrichtung – immerhin gut 100 kg wiegen!

Der richtige Standort des Aquariums ist durchaus von Bedeutung. Zwar sind in einem Zwerggarnelenaquarium Algen, die von den Garnelen abgeweidet werden können, durchaus erwünscht, fällt aber längere Zeit direktes Sonnenlicht ins Aquarium, so wird die anfängliche Freude über die prächtigen Farben der Garnelen und Pflanzen bald von einer große Algenplage getrübt. Deshalb verzichtet man am besten auf einen Standort in Fensternähe, zumal dort auch die Wassertemperatur gerade im Sommer schnell auf über 30 °C klettern kann. Gerade die kleinsten Garnelen reagieren oft äußerst empfindlich auf hohe Temperaturen. Diese könnten Unwohlsein oder sogar den Tod der Tiere zur Folge haben. In einer dunklen Ecke kommt ein schön beleuchtetes Aquarium hervorragend zur Geltung und verleiht der Wohnung eine tolle Atmosphäre.

Bevor man das Aquarium befüllt, werden die Wasserpflanzen eingebracht. Foto: J. Schmidt

Ob Sie als Bodengrund feinen Sand oder Kies verwenden, ist den Garnelen relativ gleichgültig, nur zu grob sollte das Material nicht sein, damit die Tierchen nicht in den Hohlräumen verschwinden. Kies mit einer Körnung zwischen 1 und 4 mm ist gut geeignet; er ist grob genug, um den Pflanzen Halt zu geben, aber wiederum fein genug, um nicht zu viel Schmutz oder Mulm aufzunehmen. Dieser soll auf der Oberfläche liegen bleiben, denn die Garnelen durchsuchen ihn gern nach Nahrung. Oft wird behauptet, dass Garnelen über dunklem Bodengrund sehr gut zur Geltung kämen, was auf farbenprächtige Arten wie rote und grüne Formen durchaus auch zutrifft, dennoch ist naturfarbener Kies eher zu empfehlen. Helle Farben ergeben einen wirkungsvollen Kontrast zu den Farben der Garnelen, und in vielen natürlichen Lebens-

Manche Pflanzen enthalten Düngerrückstände. Daher sollten alle Pflanzen vor dem hier zu sehenden Einsetzen ins Aquarium unbedingt gründlich gewässert werden.
Foto: J. Schmidt

räumen ist der Boden durchaus ebenfalls hell (z. B. Quarzsand). Weniger farbenprächtige Garnelen wie Tiger- oder schwarze Hummelgarnelen kommen über hellem Boden ohnehin besser zur Geltung als über dunklem Untergrund.

Verwenden Sie Sand als Bodensubstrat, dann sollten Sie bedenken, dass eine zu feine Körnung in einem Pflanzenaquarium Probleme mit sich bringen kann. Der Sand kann sich derart verdichten, dass die Wurzeln der Pflanzen nicht mehr richtig mit Frischwasser umspült werden. Es entstehen sauerstofffreie Bereiche, und in der Folge bilden sich giftige Gase im Boden.

Pflanzen entziehen dem Wasser Stoffwechselendprodukte wie Ammonium und Nitrat. Außerdem beschatten sie die Wasseroberfläche. Das hat den Nebeneffekt, übermäßigem Algenwachstum vorzubeugen.

Wichtig!
Falls in den Bodengrund ein Dauerdünger oder Nährboden für ein gutes Pflanzenwachstum eingebracht werden soll, dann ist darauf zu achten, dass darin kein Kupfer oder andere Bunt- oder Schwermetalle enthalten sind!

Garnelen bevorzugen eine etwas gedämpfte Beleuchtung, deshalb sollten keine lichthungrigen Pflanzen ausgewählt werden. Das Aquarium sollte von Anfang an dicht bepflanzt werden, allerdings muss im Vordergrund noch genügend Schwimmraum vorhanden bleiben. Vor allem in Aquarien

Solche Höhlen bieten Zwerggarnelen und -flusskrebsen Rückzugsmöglichkeiten und Schutz während einer Häutung.
Foto: Aqua-Keramik

mit niedrigeren Wassertemperaturen, wie sie von vielen Zwerggarnelen bevorzugt werden, haben sich Carolina-Haarnixe (*Cabomba caroliniana*), Nixkraut (*Najas guadalupensis*), Wasserpest (*Elodea densa*), Hornkraut (*Ceratophyllum demersum* und *C. submersum*), sowie verschiedene Formen des Javafarns (*Microsorum pteropus*) bestens bewährt. Auch unter den vielen neuen Wassermoosen gibt es tolle und gut geeignete Sorten. Außerdem gehören einige Schwimmpflanzen ins Aquarium, denn an ihnen hängen die Garnelen durchaus gern mal kopfüber. Javamoos (*Taxiphyllum barbieri*) und andere Moosarten sowie „Mooskugeln", (*Cladophora aegagrophila*) sollten in einem Garnelenaquarium auf keinen Fall fehlen. Beide bieten für die Zwerggarnelen eine riesige Oberfläche, die zum Abweiden genutzt wird. Mit Moosen lassen sich Wurzeln oder Steine ausgezeichnet dekorieren. Das Wassermoos kann mit einer dünnen Schnur oder einem Haarnetz am jeweiligen Einrichtungsgegenstand befestigt werden. Nach einiger Zeit ist es festgewachsen, und der Faden kann entfernt werden. Mit flachen Steinen lassen sich schöne Moosteppiche herstellen, die an die bekannten Naturaquarien erinnern.

Neu erworbene Aquarienpflanzen können in einem Garnelenaquarium aber auch erhebliche Schwierigkeiten verursachen. Oft wird von Problemen und sogar Massensterben unter den Garnelen nach dem Zukauf und Einsetzen von Aquarienpflanzen in ein bereits gut funktionierendes Garnelenaquarium berichtet. Manche Aquarienpflanzen enthalten Rückstände von Düngern oder Schädlingsbekämpfungsmitteln. In den Wasserpflanzen-Gärtnereien werden die Pflanzen mit solchen Mitteln behandelt. Setzt man diese Pflanzen dann nach dem Kauf ins Aquarium, so lösen sich die Rückstände und gelangen ins Wasser. Sie verursachen bei Fischen zwar keine unmittelbaren Schäden, können aber schon in geringen Konzentrationen für Garnelen sehr schädlich sein. Deshalb sollten Sie alle Nährböden und Substrate wie Steinwolle gründlich von den Pflanzenwurzeln entfernen. Zur Entgiftung und Eingewöhnung stellen Sie die Pflanzen mindestens 2–3 Tage in ein kleines Glasaquarium oder in einen Eimer mit Wasser – am besten mit Wasser vom Wasserwechsel aus dem Garnelenaquarium. Um die giftigen Stoffe zu entfernen, sollten Sie einen guten Wasseraufbereiter nach Vorschrift zugeben und das Wasser zwischenzeitlich immer wieder erneuern. Nach dieser Zeit werden die Pflanzen nochmals unter fließendem Wasser abgespült und können schließlich ins Aquarium eingesetzt werden. Nach dem Einpflanzen empfiehlt es sich, das Verhalten der Garnelen noch einige Tage besonders im Auge zu behalten.

Ein komplett eingerichtetes und besetztes Aquarium für Zwerggarnelen ist ein Blickfang in jeder Wohnung. Foto: J. Schmidt

Neben den Wasserpflanzen sollte bei der Aquarieneinrichtung nicht auf Wurzelholz verzichtet werden. Moorkienholz hat sich bestens bewährt. Es ist schon gebrauchsfertig und bereits vorgewässert im Zoohandel erhältlich. An seiner Oberfläche siedeln sich, für das menschliche Auge unsichtbar, Mikroorganismen an, die für die Ernährung der Zwerggarnelen eine wichtige Rolle spielen. Zudem haben Moorkienholzwurzeln noch einen positiven Nebeneffekt, denn sie geben Huminsäuren ans Wasser ab. Zu erkennen ist dies am sich bräunlich färbenden Wasser. Die Huminsäuren senken auch meist etwas den pH-Wert.

Steine sind in einem Garnelenaquarium nicht unbedingt nötig und haben nur einen rein dekorativen Wert. Sie dürfen nur solche Steine verwenden, die die Wasserqualität nicht beeinträchtigen.

Neben Wurzeln lieben Zwerggarnelen Buchen- oder Eichenlaub. Die Tiere halten sich sehr gern grasend darauf auf und verwenden es selbst als Futter. Wenn Sie heimisches Rotbuchen- oder Eichenlaub verwenden wollen, sollte es zuvor auf jeden Fall getrocknet sein, und Sie müssen darauf achten, dass es weder Düngemitteln noch anderen Schadstoffen ausgesetzt war. Laub aus dem eigenen Garten ist ideal. Am besten übergießen Sie das Laub vor der Verwendung mit kochendem Wasser, damit eventuell vorhandene schädliche Mikroorganismen abgetötet werden.

Die Einlaufzeit ist wohl die schwierigste Phase des Aquariums. Gerade wenn es das erste Aquarium ist, wollen Sie natürlich am liebsten sofort mit dem Besatz beginnen. Doch wer ein paar Wochen Geduld aufbringt, der wird später weniger Probleme haben. Nachdem die ersten Pflanzen eingesetzt sind und das Wasser eingelassen wurde, muss das Aquarium erst einmal mindestens zwei, besser drei oder vier Wochen „einfahren", damit ein erstes biologisches Gleichgewicht entstehen kann. Erst nach dieser Zeit haben sich Ammonium und Nitrit abbauende Bakterien vermehrt, die dafür sorgen, dass sich die Abfallstoffe der Garnelen zum weniger giftigen Nitrat umwandeln. Dem Wasser fehlen in der Einlaufzeit des Aquariums noch die notwendigen Filterbakterien dafür. Einsteiger begehen oft den Fehler, zu früh Tiere in ein frisch eingerichtetes Aquarium zu setzen, was zu hohen Verlusten führen kann. Oft steigt der Nitritwert (NO_2^--Ionen) in den ersten Wochen über einen Wert von 1 mg/l und höher. Zuerst ergibt sich eine Ammonium-, dann eine NO_2-Anreicherung. Nitrit ist eine giftige Stickstoffverbindung, also ein Zwischenprodukt, das beim Abbau von Ammonium und Ammoniak entsteht und für Garnelen genauso giftig ist wie für Zierfische. Es darf deshalb in Ihrem Aquarienwasser nicht nachweisbar sein. Vergiftungserscheinungen durch Nitrit zeigen sich bei Garnelen wie folgt: Anfangs sind die Tiere träge, sitzen lustlos am Boden und fressen kaum. Weiterhin verfärbt sich bei durchsichtigen Arten wie der Amano-Garnele die Muskulatur des Hinterleibs und zeigt eine orange-milchige, manchmal weißliche Verfärbung. Nitrit blockiert den Sauerstofftransport im Blut von Wirbeltieren, was nach längerer Zeit zum Erstikken führt. Bei den wirbellosen Garnelen sind ähnliche Wirkungen zu erwarten.

Auf Moorkienwurzeln siedeln sich Mikroorganismen an, die von den Zwerggarnelen abgeweidet werden. Sie sollten daher in keinem Garnelenbecken fehlen.
Foto: M. Wolfinger

So kann ein attraktiv eingerichtetes Aquarium für Zwerggarnelen aussehen.
Foto: M. Wolfinger

Der Nitratwert spielt ebenfalls eine wichtige Rolle. Nitrat entsteht in erster Linie aus den Futterresten, den Ausscheidungen der Garnelen und anderer Tieren sowie aus Pflanzenresten. Nitrat ist im Gegensatz zu Nitrit nur schwach giftig. Allerdings werden in Aquarien gelegentlich Konzentrationen von 50 oder sogar mehreren 100 mg/l gemessen. Die Garnelen zeigen dann nur schwache Farben und sind anfällig für Infektionen und Häutungsprobleme, die im Extremfall zum Tod führen können. Auch wenn Garnelen aus nitratarmem Wasser in Becken mit sehr hohem Nitratgehalt umgesetzt werden, kann dies erhebliche Schwierigkeiten verursachen. Daher muss der Nitratwert so gering wie möglich gehalten werden. Durch regelmäßige Wasserwechsel und das Einsetzen vieler schnellwüchsiger Pflanzen können Nitrat und Nitrit effektiv dem Kreislauf entzogen werden. Schwimmpflanzen entfernen mit Hilfe ihrer Unterwasserblätter Nitrate aus dem Wasser.

Wussten Sie schon?
Hohe Nitratwerte hemmen das Pflanzenwachstum! Es hilft also nicht, schnell wachsende Pflanzen einzusetzen, wenn diese infolge eines hohen Nitratwerts bereits nicht mehr wachsen.

Gegenüber der Wasserhärte zeigen Zwerggarnelen eine hohe Toleranz, im Allgemeinen braucht sie nicht weiter beachtet werden. Der Idealwert liegt bei 10–12 °dGH. Gelegentlich ist zu lesen, Garnelen benötigten hartes Wasser zum Aufhärten des Panzers, doch erfolgt die Aufnahme von Kalzium zu diesem Zweck überwiegend über das Futter.

Das Futter muss direkt aufgefressen werden, da gammelnde Reste die Wasserqualität verschlechtern.
Foto: M. Wolfinger

Die Karbonathärte sollte zwischen 5 und 15 °dKH, der pH-Wert um 6,5–7,5 liegen. Der pH-Wert ist vom im Wasser enthaltenen CO_2 sowie von der Karbonathärte abhängig. Er reicht von 0–14 und gibt an, ob das Wasser sauer, neutral oder basisch ist. Reines Leitungswasser ist meist leicht alkalisch und hat – je nach Region – meist einen pH-Wert von 7,5–8,0. Härteres Wasser hat grundsätzlich einen höheren pH-Wert, um 7,2, weiches Wasser liegt oft unter 6,8. Empfehlenswert ist, die Karbonathärte nicht niedriger als 2 °KH zu wählen, da sonst der pH-Wert stark schwanken kann, was negative Auswirkungen auf die Gesundheit der Garnelen hätte. Durch ständige Schwankungen der Wasserparameter wird nämlich das Immunsystem geschwächt, was dazu führt, dass die Zwerggarnelen anfälliger für Krankheiten werden. Aus diesem Grund sind beim Wasserwechsel die gleichen Wasserwerte zu verwenden.

Wasserpflanzen wie Javamoos tragen viel dazu bei, die Wasserqualität hoch zu halten. Foto: J. Schmidt

Garnelen lieben klares, sauerstoffreiches, nicht zu warmes Wasser. Ist der Sauerstoffgehalt zu gering, zeigen die Tiere Unwohlsein und erkranken. Deshalb gehört eine gute Belüftung, beispielsweise durch einen Sprudelstein oder eine starke Wasseroberflächenbewegung mittels des Filterauslaufrohrs, zu den Grundvoraussetzungen bei der Haltung von Garnelen. Um Problemen vorzubeugen, sollten Sie regelmäßig, am besten einmal pro Woche, einen 30–50prozentigen Wasserwechsel durchführen.

An die Wassertemperatur stellt jede Garnelenart ihre eigenen Anforderungen. Die meisten Garnelen sind bei Temperaturen zwischen 18 und 26 °C zu halten.

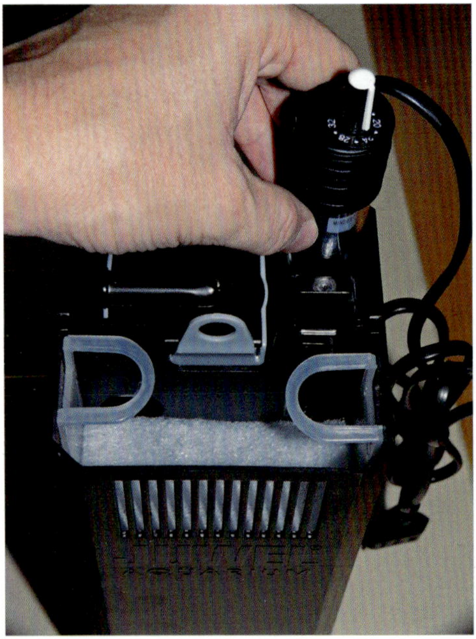

Innenfilter weisen zwar viele Vorteile auf, sind jedoch aufgrund ihrer großen Öffnungen eine Gefahr besonders für junge Zwerggarnelen.
Foto: K. Kunz

Technik und Zubehör

Die technische Ausrüstung eines Zwerggarnelenaquariums ist nicht sehr aufwändig. Im natürlichen Lebensraum der Tiere schwanken die Temperaturen abhängig von Jahreszeit und Herkunft zwischen 14 und 26 °C. Entsprechend kann bei einer Raumtemperatur von etwa 22 °C in den meisten Fällen ganz auf eine Aquarienheizung verzichtet werden.

An die Beleuchtung stellen die Garnelen keine besonderen Ansprüche. Die üblicherweise gängige Beleuchtung ist ausreichend. Es kommt auf den Pflanzenbesatz an, welche Beleuchtung sinnvoll zu verwenden ist. Um das Aquarium möglichst naturnah zu beleuchten, empfehlen sich eine Leuchtstoffröhre mit Tageslicht- und eine mit Vollspektrum. Das abgestrahlte Licht ist hell und lässt die Farben von Garnelen und Pflanzen natürlich erscheinen. Für kleine Aquarien werden inzwischen spezielle Lampen angeboten, die trotz ihrer geringen Größe eine gute Lichtausbeute bieten und ohne großen Aufwand zu installieren sind.

Mittlerweile werden immer mehr Garnelenaquarien ohne jegliche Technik betrieben, auch eine Filterung ist nicht unbedingt notwendig. Vernünftig bepflanzte Aquarien mit gutem Pflanzenwachstum können durchaus ohne Filter funktionieren. Aber da Pflanzen nachts keinen Sauerstoff produzieren, sondern atmen, wird über Nacht bis zum Einschalten der Beleuchtung der Sauerstoffgehalt langsam abnehmen, was zu Sauerstoffmangel führen kann. Ein geschickt gewähltes Gleichgewicht ist daher hier essenziell.

Zwei Faktoren spielen beim filterlosen Aquarium eine wichtige Rolle: der Mulm und der Aquarienkies. Der Aquarienkies wirkt wie ein biologischer Filter, da seine Oberfläche porös ist und sich deshalb viele Bakterien auf seiner Oberfläche ansiedeln. Deshalb sollten Sie in einem filterlosen Aquarium keinen kunststoffummantelten Kies verwenden, da die Bakterien hier aufgrund der glatten Oberfläche nur wenig Siedlungsmöglichkeiten finden. Von fast noch größerer Bedeutung ist der Mulm, auch Detritus genannt. Er ist kein Abfall, sondern ein idealer Siedlungsraum für Mikroorganismen, die für die Stabilität des Aquarienmilieus sorgen.

In Garnelenaquarien, in denen sich genügend Mulm ansammelt, kann auf einen Filter verzichtet werden. Besonders dann muss man aber den wöchentlichen Teilwasserwechsel konsequent durchführen!

Innenfilter sind wohl die in der Aquaristik gängigste Methode der Reinigung. Sie sind jedoch, weil sie meist sehr große Öffnungen haben, für Garnelen nur wenig geeignet. Es besteht die Gefahr, dass junge Zwerggarnelen angesaugt werden, was ihren Tod zur Folge haben kann, falls sie nicht rechtzeitig entdeckt und befreit werden. Sie können den Filtereinlauf zwar mit einem alten Netz- oder Nylonstrumpf sichern, doch hat dies den Nachteil, dass sich das Gewebe schnell mit angesaugten Schmutzpartikeln zu setzt und eine regelmäßige Reinigung nötig ist.

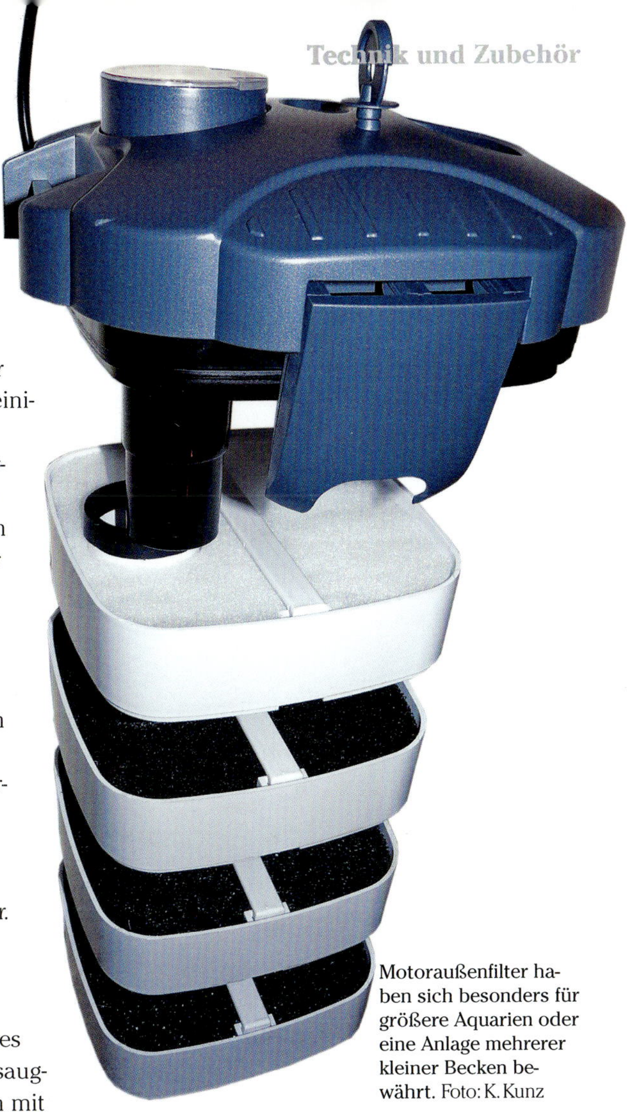

Motoraußenfilter haben sich besonders für größere Aquarien oder eine Anlage mehrerer kleiner Becken bewährt. Foto: K. Kunz

Eine Alternative zur Innenfilterung sind Hänge- oder Rucksackfilter. Dieser Filtertyp ist jedoch nur für Aquarien ohne oder mit speziellen Abdeckungen geeignet. Hängefilter werden von außen an die Scheibe des Aquariums gehängt, und nur das Ansaugrohr befindet sich im Wasser. Es kann mit einem Stück nicht zu groben Filterschwamms gesichert werden. Dadurch wird verhindert, dass die Garnelen in den Filtertopf gelangen.

An größeren Aquarien haben sich Motoraußenfilter bewährt. Sie sind bequem unter oder hinter dem Aquarium aufzustellen, und es befinden sich nur wenige störende Schläuche im Aquarium. Der Vorteil gegenüber dem Innenfilter ist, dass sie besser gereinigt werden können, über ein größeres Filtervolumen verfügen und längere Standzeiten haben. Außerdem lassen sich Außenfilter mit den unterschiedlichsten Filtermaterialien bestücken. Da auch die Ansaugöffnung des Außenfilters für Garnelen eine große Gefahr darstellt, ist sie ebenfalls mit einem Stück Filterschwamm zu sichern, der über das Ansaugrohr gestülpt wird.

Einfache, kostengünstige und garnelensichere Methoden der Wasserumwälzung, besonders für kleinere Aquarien bis etwa 120 l, sind mit Luft betriebene Filter. Meist sind sie mit einer Schaumstoffpatrone ausgestattet. Sie haben sich in kleinen Garnelenaquarien bewährt. Auch der mit Luft betriebene Dreiecksfilter hat sich als praktisch erwiesen. Diese Filter haben im Gegensatz zu anderen Modellen den Vorteil, dass sie in den Bodengrund eingegraben werden und so in den Aquarien kaum sichtbar sind. Ein weiterer Vorteil ist, dass sich die Luftfilter mehrerer Garnelenaquarien durch eine einzige Membranpumpe betreiben lassen und sich so der technische und finanzielle Aufwand reduzieren lässt. Mit einer 40 W-Luftpumpe können bis zu 60 Garnelenaquarien betrieben werden!

Der Hamburger Mattenfilter, kurz HMF genannt, tauchte ursprünglich in den 1960er-Jahren in verschiedenen Zuchtkellern im Hamburger Raum auf. Dieser Filter ist selbst für handwerklich unbegabte Menschen relativ einfach anzufertigen und funktioniert im Prinzip wie ein Luftfilter. Üblicherweise besteht der HMF aus einer großen, groben Filtermatte, die sich über

Neben der Filterung gibt es noch weitere Wege, die Wasserqualität zu verbessern, beispielsweise über den Einsatz von Seemandelbaumblättern.
Foto: K. Kunz

Zwerggarnelen benötigen stets eine hohe Wasserqualität.
Foto: B. Kahl

den gesamten Querschnitt des Aquariums zieht. Seine Vorteile liegen darin, dass er eine sehr große Filteroberfläche bietet, auf der sich mehr Bakterien ansiedeln können. Außerdem ist der HMF recht kostengünstig, vor allem im Vergleich zu Außenfiltern, da lediglich die Matte, einige Rohre und eine Luft- oder Kreiselpumpe beschafft werden müssen. Außerdem ist der Wartungsaufwand gering und die Standzeit wesentlich höher. Der entscheidende Pluspunkt aber ist, dass keine Jungtiere – ob Fisch oder Garnele – angesaugt werden. Ein Nachteil besteht in der Ästhetik – die meist blaue Matte stört vor allem am Anfang. Bereits nach wenigen Wochen nimmt sie jedoch eine dunkle Farbe an und fügt sich besser ins Gesamtbild ein. Zudem kann sie beispielsweise mit Javafarn oder Ähnlichem bepflanzt werden und hat somit noch einen dekorativen Effekt. Ein echter Nachteil ist, dass durch die Matte rund 10 cm Raum im Aquarium verloren gehen. Dafür haben Sie aber einen höchst aktiven, biologisch arbeitenden Filter, der eine lange Standzeit besitzt und sich sowohl in kleinen wie auch in sehr großen Aquarien sehr bewährt hat. Details zum HMF finden Sie beispielsweise in AMAZONAS 19 oder im Internet.

Mit Vorliebe weiden Zwerggarnelen die Oberfläche von Wurzeln ab.
Foto: M. Wolfinger

Futter

Garnelen sind Allesfresser. Sie stürzen sich auf alles Fressbare, was ihnen angeboten wird. Im Aquarium befinden sich die Tiere den ganzen Tag auf der Futtersuche, sie durchwühlen den Mulm nach Nahrung und fahnden im Kies nach Nahrungsresten.

Die richtige Ernährung der Garnelen spielt eine große Rolle. Sehr oft kann es bei Futter, das einen zu hohen Anteil an tierischem Protein enthält, zu Mangelerscheinungen und Häutungsproblemen kommen, was nicht selten den Tod oder Missbildungen an Scheren, Fühlern oder Schreitbeinen zur Folge hat. Häutungsprobleme zeigen sich beispielsweise als Risse oder Bruchstellen vor oder nach der Häutung, oder aber die Garnelen können nach der Häutung ihre alte Hülle nicht schnell genug verlassen.

In der Natur ernähren sich Garnelen überwiegend von feinen Pflanzenteilen und vom Aufwuchs auf Laub und Ästen. Neben verschiedenen Fischfuttersorten – wie Flocken-, Frost- und Lebendfutter – verzehren sie im Aquarium vor allem verschiedene Algen. Einige Arten wie *Caridina multidentata* haben sich als regelrechte Algenvertilger bewährt. Neben Äpfeln, Birnen und Erdbeeren mögen Zwerggarnelen ganz besonders überbrühtes Gemüse wie Erbsen und Karotten oder Salatblätter, Rosenkohl und Gurkenscheiben. Garnelen werden auch als Gesundheitspolizei bezeichnet, da sie übrig gebliebenes Futter, ja selbst tote Fische verwerten, was der Wasserqualität zum Vorteil gereicht, da das Wasser nicht unnötig mit verwesenden Kadavern belastet wird. Vor allem *Spirulina*-Algen, die als Pulver, in Tablettenform oder auch als spezielles, für Garnelen entwikkeltes Futter angeboten werden, enthalten essenzielle Mineralstoffe wie Eisen, Kalzium, Kalium und Magnesium. Diese spielen bei der Bildung des neuen und bei der Aushärtung des alten Panzers eine wichtige Rolle. Ein hoher Grünkostanteil mit *Spirulina*-Algen, Mineralstoffen und Proteinträgern entspricht den Nahrungsansprüchen von Zwerggarnelen. Durch ihre spezielle Zusammensetzung beugt eine solche Ernährung Häutungsproblemen vor. Ein Vorteil solcher Futtersorten in Form von Sticks ist, dass sie 24 Stunden wasserstabil sind und eventuell liegen gebliebene Partikel die Wasserqualität nicht belasten.

Unbedingt sollten Sie den Garnelen gelegentlich auch Laub wie Seemandelbaumblätter oder getrocknete Eichenblätter anbieten. Garnelen lieben Laub – sie halten sich sehr gern darauf auf, grasen es ab und verwerten es als Futter. Außerdem bietet Laub in einem naturnah

Hier ein Beispiel für eine speziell auf Zwerggarnelen abgestimmte Futter- und Produktpalette. Foto: Aqua-Tropica

Hier sind die kleinen Scheren der Tiere gut zu sehen, mit denen sie Nahrungspartikel greifen können. Foto: M. Wolfinger

eingerichteten Aquarium einen dekorativen Anblick. Jedoch kann zu viel davon im Aquarium auch negative Auswirkungen auf den pH-Wert haben und durch Abgabe von einem Übermaß an Huminstoffen, die die Blätter einst produzierten und speicherten, einen Säuresturz verursachen. Am besten gibt man 2–3 getrocknete Blätter auf 100 l Wasser. Das Wasser bekommt nach einiger Zeit eine schöne, bernsteinfarbene Tönung, bleibt aber glasklar. Die Blätter werden einfach auf die Wasseroberfläche gelegt. Nach 1–2 Tagen saugen sie sich mit Wasser voll und sinken zu Boden.

Der Praxistipp
Bei kleinen Aquarien ist darauf zu achten, dass bei häufiger Fütterung das Wasser stark belastet wird und deshalb wöchentlich oder noch häufiger ein Teilwasserwechsel nötig ist.
Sie können bei den Garnelen auch ruhig 2–3 Fastentage in der Woche einlegen, um ihnen die Möglichkeit zu geben, Algen als Nahrung abzugrasen und Futterreste zu vertilgen.

Da es sich bei der Färbung einiger Garnelen – vor allem bei den Rottönen wie von Crystal red und Red cherry – um Fettfarben handelt, die in den Zellen der Garnelen eingelagert sind, müssen ab und an Carotinoide zugefüttert werden. Ohne Zugabe der Carotine würden die Farben verblassen, da Garnelen die rote Fettfarbe nicht selbst produzieren können. Carotine sind beispielsweise in *Cyclops*,

„Blaue Tiger"
Foto: B. Kahl

Eine *Neocaridina* sp. „blue" bearbeitet die Futtertablette mit ihren Fresswerkzeugen.
Foto: M. Wolfinger

Möhren, Paprika und auch in speziellen Granulatfuttersorten enthalten, die zur Farbverstärkung bei Fischen gedacht sind.

Zur Unterstützung des Immunsystems bei Wirbellosen kann sehr gut Brennnesselkraut eingesetzt werden. Die Brennnessel (*Urtica dioica*) ist bereits fertig gehackt oder als Pulver erhältlich. Sie sollten aber darauf achten, nur die echte Brennnessel zu verfüttern, denn nur in ihr kommt zu 0,03–1,6 % Kaffeoyläpfelsäure vor. Sie enthält zudem in kleinen Mengen Acetylcholin, Histamin, Serotonin und Leukotriene (Arachidonsäure). Einige dieser Stoffe wirken entzündungshemmend. Außerdem kommt es bei Verfütterung von Brennnessel zur vermehrten Produktion von Sexualhormonen, was zu gesteigerter Fortpflanzungsbereitschaft führt. Das Brennnesselkraut sollte kurz in Wasser eingeweicht und zwei- bis dreimal pro Woche auf die Wasseroberfläche gestreut werden. Die Garnelen stürzen sich regelrecht darauf.

Als weitere Nahrungsergänzung kann Seealgenmehl zugefüttert werden. Es unterstützt die Fruchtbarkeit, regt den Blutaufbau an und stabilisiert den Stoffwechsel bei Wirbellosen. Der Knotentang (*Ascophyllum nodosum*), aus dem das Seealgenmehl hergestellt wird, wird heute hauptsächlich für die Nahrungsergänzungsindustrie geerntet. Dank seiner außerordentlich reichen Inhaltsstoffe (Rohprotein 4 %, Rohasche 15 %, Rohfaser 6 %) und vor allem aufgrund des hohen Jodgehalts ist er ein hervorragendes Produkt für die Ernährung planktonfressender Fische, Korallen, Muscheln und anderer Wirbelloser. Mischen Sie das Algenmehl am besten dem Granulat- oder Frostfutter bei oder geben Sie es in selbst gemachtes, rein pflanzliches Frostfutter. Es eignet sich auch besonders bei Junggarnelen zum Aufstreuen auf die Wasseroberfläche.

Eingewöhnung

In der Natur kommen Garnelen in großen Populationsdichten vor. Das bedeutet für die Aquaristik jedoch nicht, dass Zwerggarnelen in beliebigen Dichten zusammengepfercht werden dürften. Ein Überbesatz hat beispielsweise zur Folge, dass sich die Tiere nicht vermehren und krankheitsanfällig werden. In ein 54-l-Aquarium (60 cm Länge) können als Erstbesatz etwa 20 Zwerggarnelen eingesetzt werden. Dabei ist zu bedenken, dass die Tiere bald Nachwuchs produzieren. Eine grobe Richtlinie für eine mögliche Besatzdichte lautet: eine Garnele pro Liter Aquarienwasser.

Nach einer abschließenden Prüfung der geeigneten Wasserwerte können endlich die ersten Garnelen erworben werden. Die im Zoohandel angebotene Auswahl an Garnelen ist klein, Sie finden dort meist nur wenige Arten. Im Internet wird hingegen oft eine große Auswahl in Onlineshops oder Kleinanzeigenmärkten offeriert. Mittlerweile gibt es auch verschiedene Züchter, die sich auf Wirbellose spezialisiert haben. Wer einen Händler oder Züchter in seiner Nähe gefunden hat, kann als Erstbesatz eine kleinere Gruppe von zehn oder mehr Garnelen einer Art erwerben. Es dürfen auf keinen Fall weniger sein, weil Garnelen gesellige Tiere sind, die verkümmern, wenn sie nicht genügend Artgenossen um sich haben. Zunächst müssen die Zwerggarnelen an die Wasserwerte im neuen Aquarium gewöhnt werden. Je länger und langsamer die Garnelen umgewöhnt werden, desto besser ist es für sie, denn sie reagieren beim Umsetzen viel empfindlicher als Fische auf sich zu schnell verändernde Wasserparameter. Zu schnell umgesetzte Garnelen erleiden unter Umständen einen tödlichen Osmoseschock. Um die Temperaturdifferenz anzugleichen, können Sie den Transportbeutel mit den Garnelen vor dem Öffnen für ca. 30 Minuten bei abgeschaltetem Licht auf die Wasseroberfläche legen. In dem Beutel befindet sich ausreichend Sauerstoff, damit die Garnelen diese Prozedur ohne Schaden überstehen. Die übrigen Wasserparameter (pH-Wert, dGH, dKH, elektrische Leitfähigkeit) werden danach langsam angepasst, indem das Aquarienwasser portionsweise über einen Zeitraum von mindestens einer Stunde oder länger in den geöffneten Beutel gegeben wird. Eine halbe Stunde später haben sich die Garnelen an die neuen Wasserwerte angepasst und können mit einem Netz vorsichtig ins Aquarium gesetzt werden. Das Wasser aus dem Beutel wird weggeschüttet. Eine alternative Möglichkeit zur Umgewöhnung der Garnelen ist, den Beutel zu öffnen, ihn langsam in einen leeren Eimer umzufüllen und diesen erst einmal etwa 30 Minuten bei Raumtemperatur abgedeckt – da die Garnelen sonst entweichen könnten – stehen zu lassen. Danach füllt man langsam Aqua-

Dicht bewachsene Aquarien bieten Zwerggarnelen wie dieser Rotrücken-Zwerggarnele (*Neocaridina palmata*) die nötigen Rückzugsmöglichkeiten.
Foto: M. Wolfinger

rienwasser nach, bis der Eimer voll ist. Hierzu verwenden Sie am besten einen dünnen Luftschlauch, wie er für luftbetriebene Filter üblich ist, und lassen das Wasser, durch eine Schlauchklemme gebremst, langsam zutropfen. Wenn das Transportwasser zu 75 % mit Aquarienwasser vermischt ist, können die Garnelen ins neue Quartier gesetzt werden.

Bei manchen Zwerggarnelen kann es durch den Transport und das Umsetzen stressbedingt zu einem vorübergehenden Farbverlust kommen. Dabei können sie sich sogar komplett entfärben. Die Farbe kehrt aber im Lauf des Tages wieder zurück und wird nach der Eingewöhnung dem Normalzustand entsprechen.

Vergesellschaftung

Bei der gemeinsamen Pflege von Fischen und Zwerggarnelen ist darauf zu achten, dass die kleinen Garnelen nicht mit Fressfeinden oder zu ruppigen Fischen gehalten werden, die ihnen womöglich gar nachstellen. Zudem müssen die Ansprüche an Wasserqualität und Nahrung weitgehend übereinstimmen. Zwerggarnelen, die mit ihrer Durchschnittslänge von 2 cm recht klein bleiben, können nicht mit großen Fischen vergesellschaftet werden, weil diese die Wirbellosen sonst als Nahrung betrachten würden. Sie lassen sich aber gut mit kleinen Harnischwelsen wie Vertretern der Gattungen *Ancistrus* und *Otocinclus* oder mit klein bleibenden Panzerwelsen, aber auch mit Dornaugen vergesellschaften. Es gibt zahlreiche weitere klein bleibende Fische, vor allem Salmler, Lebendgebärende und Bärblinge, die mit Garnelen gepflegt werden können. Bei der Vergesellschaftung von Garnelen mit Fischen müssen Sie allerdings immer bedenken, dass der zu erwartende Nachwuchs nicht überleben kann, weil er als Nahrung der Fische dient.

Auch eine Vergesellschaftung mit verschiedenen größeren Garnelen oder Zwergkrebsen klappt meist problemlos. Bei Krebsen und Großarmgarnelen müssen Sie jedoch vorsichtig sein. Normalerweise sind die Zwerggarnelen viel schneller und wendiger als große Garnelen und Zwergkrebse, trotzdem könnten größere Kruster unvorsichtige oder z. B. nach einer Häutung geschwächte Zwerggarnelen als Futter betrachten. In einem großen, versteckreich eingerichteten Aquarium mit dichter Bepflanzung ist eine Vergesellschaftung realisierbar.

Zwerggarnelen sollten stets in Gruppen gepflegt werden, wie hier die Blaue Tigergarnele, eine Zuchtform der normalfarbenen Tigergarnele.
Foto: J. Schmidt

Wenn Sie unterschiedliche Garnelenarten gemeinsam in einem Aquarium pflegen und auch züchten wollen, dann müssen Sie außerdem bedenken, dass sich einige nahe verwandte Arten kreuzen können. Die Folgen einer solchen Kreuzung sind anhand der Mischlinge zu sehen, die gelegentlich zum Kauf angeboten werden. Leider gibt es sogar Züchter, die gezielt darauf hinarbeiten. Mit solchen Bastarden ist aber keine gezielte Weiterzucht mehr möglich.

Wichtig ist auf jeden Fall, dass Mischlinge als solche angeboten und die Käufer darauf hingewiesen werden. Die Vergesellschaftung jeweils einer Art unterschiedlicher Gattungen, beispielsweise einer *Neocaridina*- und einer *Caridina*-Art, ist in dieser Beziehung eher unproblematisch, wenn auch eine Kreuzung nicht gänzlich ausgeschlossen ist.

Vermehrung

Die Vermehrung der meisten Zwerggarnelen ist nicht schwierig. Mit zunehmender Populationsdichte vermindert sich aber die Aussicht auf weiteren Nachwuchs, und das Wachstum der Garnelen verlangsamt sich deutlich. Die Weibchen der meisten Vertreter von *Caridina* und *Neocaridina* entlassen bereits Larven, deren Entwicklung weit vorangeschritten ist. Aber es gibt auch in diesen beiden Gattungen einige spezialisiertere Arten.

Für eine erfolgreiche Vermehrung benötigen Sie selbstverständlich Männchen und Weibchen. In größeren Gruppen ist die Chance besser, dass beiderlei Geschlechter vorhanden und „kompatibel" sind. Grundsätzlich werden die Weibchen größer als die Männchen und haben leicht nach außen gewölbte Bauchtaschen. Zudem wirken sie bulliger und sind – zumindest bei einigen Arten – etwas intensiver gefärbt. Ein eindeutiges Kennzeichen ist es jedoch natürlich, wenn das Weibchen Eier zwischen den Schwimmbeinen trägt. Außerdem ist bei laichbereiten Weibchen der Eifleck im Nacken erkennbar, der den Männchen fehlt. Männchen wirken schlanker, haben einen flacheren Bauch, sind kleiner und tragen einen kürzeren Kopfpanzer.

Die Eiproduktion beginnt im Nackenbereich des Weibchens und wird als Eifleck oder Laichansatz bezeichnet. Je nach Art kann der Laichansatz unterschiedlich gefärbt sein, bei Red-cherry-Garnelen z. B. ist er gelb.

Nachdem der Laichansatz so weit entwickelt ist, dass die Eier befruchtet werden können, häutet sich das Weibchen. Um von Männchen als paarungsbereit erkannt zu werden, sondert es während der Häutung Duftstoffe ab, Pheromone. Für den Aquarianer macht sich dies am sehr aktiven, ja hektischen Schwimmen der Garnelen bemerkbar. Dieser Vorgang kann oft nach einem Wasserwechsel beobachtet werden, der die Garnelen zur Häutung und folglich auch zur Paarung anregt.

Hat ein Männchen ein zur Paarung bereites Weibchen gefunden, so versucht es sich an seinen Rücken zu heften und ein Samenpaket abzugeben. Dazu rutscht es an der Seite des Weibchens herunter oder legt sich auf dem Rücken unter das Weibchen und gibt unter Zuhilfenahme der ersten beiden Schwimmbeinpaare, die zusammen ein Kopulationsorgan bilden, ein mit einer Schutzhülle umgebenes Samenpaket im Bereich der weiblichen Geschlechtsöffnung ab. Diese befindet sich beim Weibchen zwischen den Schreitbeinen. Die Begattung ist oft nur von kurzer Dauer.

Schon einige Minuten nach der Begattung beginnt die Eiablage. Dabei nimmt das Weibchen eine gekrümmte Haltung ein und schiebt seinen Schwanzfächer zwischen die Schreitbeine, dorthin, wo sich das Spermapaket befindet. Nun presst es die Eimasse über den Rücken durch die Geschlechtsöffnung in die Bauchtasche. Während dieses Vorgangs vermischen sich die gelartigen Samen des angehefteten Samenpakets mit der Eimasse, und es kommt zur Befruchtung. Anschließend werden die Eier mit einem Haftschleim an die Schwimmbeine geklebt.

Danach werden sie von der Mutter sorgfältig geputzt und stetig durch Fächern mit Frischwasser versorgt. Sollte eine erfolgreiche Befruchtung ausbleiben, so werden die Eier abgestoßen und sind nach einigen Tagen verschwunden. Die meisten Zwerggarnelen tragen dunkle Eier. Mit fortschreitender Tragzeit werden diese durchsichtiger, so dass die Larven mit ihren dunklen Augen durch die Eihülle erkennbar sind. Die Larven schlüpfen nach rund 4–6 Wochen.

Laich tragendes Weibchen der Glasgarnele. Hier kann man schon die schwarzen Augen der Larven durch die Eihüllen erkennen. Foto: M. Wolfinger

Fortpflanzungstypen

Die Larven der Garnelen werden in zwei Fortpflanzungstypen unterteilt. Garnelenarten mit großen Eiern bringen nach dem Schlupf oftmals fertig entwickelte Junge zur Welt. Solche mit sehr kleinen Eiern dagegen entlassen sog. Zoëa-Larven. Die Zoëa-Larve ist das Erste von mehreren Entwicklungsstadien, an deren Ende die Junggarnele steht. Nach dem Schlupf werden die Larven vom Weibchen – meist über Nacht – mit wedelnden Bewegungen der Schwimmbeine ins freie Wasser entlassen.

Beim spezialisierten Fortpflanzungstyp kommen nach einer Tragezeit von etwa vier Wochen je nach Art zwischen 20 und 50 fertig entwickelte Junggarnelen zur Welt, die bereits winzige Abbilder ihrer Eltern sind und sofort zum Bodenleben übergehen – das ist beispielsweise bei der Red-cherry-Garnele der Fall. Arten dieses Fortpflanzungstyps benötigen kein Brackwasser, und die Aufzucht der Jungen ist verhältnismäßig einfach. Die Junggarnelen finden bereits im Javamoos, auf Moosbällen oder im angesammelten Mulm genügend Futter. Die Vermehrung solcher Zwerggarnelen des spezialisierten Fortpflanzungstyps gelingt sogar in Gesellschaftsaquarien, in denen sich genügend Versteckmöglichkeiten und eine ausreichende Bepflanzung befinden. Wer Zwerggarnelen jedoch gezielt züchten möchte, der sollte sie jeweils in einem separaten Artaquarium ohne Fische halten.

Zum Vergleich: oben männliche, unten weibliche Glasgarnele mit deutlich größeren Bauchtaschen
Fotos: M. Wolfinger

Zum primitiven Fortpflanzungstyp gehören Garnelenarten, deren Larven nach dem Entlassen frei schwebend, planktisch leben und die erst nach einiger Zeit zur bodenlebenden, benthischen Existenz übergehen. Das heißt, sie wandeln sich vom im Wasser treibenden Larvenstadium, in dem sie durchs Wasser schweben, zum bodenorientierten um, können also nach 4–6 Wochen am Boden krabbeln und fressen. Dies ist unabhängig davon, ob sich die frei schwebenden Larven im reinen Süß- oder im Meerwasser weiterentwickeln. Zu diesem Vermehrungstyp zählen Formen wie Amano- und Nashorn-Garnelen.

Nach 4–5 Wochen Tragzeit werden die Larven vom Weibchen entlassen. Foto: M. Wolfinger

Viele Arten des primitiven Fortpflanzungstyps benötigen zur Aufzucht Meerwasser. Das Aufzuchtaquarium sollte ohne Bodengrund und mit einem Lüfterstein, der nur ganz leicht sprudeln darf, eingerichtet werden. Wenn er zu stark sprudelt, werden die Larven gegen die Scheibe getrieben und verletzt, was zu hohen Verlusten führen kann. Die Larven orientieren sich zum Licht. Ab dem Zeitpunkt der Abgabe der Larven darf das Licht nicht mehr ausgeschaltet werden, da die Larven dem Licht zustreben, nach Abschalten der Beleuchtung aber orientierungslos durchs Aquarium treiben, somit das Futter nicht mehr finden und verhungern. Alternativ können ein Mondlicht oder ein Nachtlicht aus dem Baumarkt mittig über dem Aquarium montiert werden.

Nach etwa zwei Tagen häuten sich die Larven erstmals, danach sind bereits längere Beine zu erkennen. Jetzt sollte die Zufütte-

Etliche Arten lassen sich kreuzen, hier etwa ein Hummel-Biene-Hybride. Foto: M. Wolfinger

Die winzigen weißen Striche auf dem Filtergehäuse sind Larven von *Caridina fernandio*. Foto: M. Wolfinger

Jungtiere der Glasgarnele (*Macrobrachium lanchesteri*) beim Erkunden des Aquariums Foto: M. Wolfinger

rung beginnen, wobei die Larven ständig im Futter schwimmen müssen, denn die frei schwebenden Larven jagen ihrer Nahrung nicht aktiv nach, sondern warten, bis sie ihnen vor die Fangarme treibt.

Da die Larven ständig und schnell wachsen, benötigen sie alle paar Tage eine neue geeignete Futterpartikelgröße. Anfangs können sie mit „flüssigem Plankton" (Liquizell), später mit Staubfutter und mit reinem *Spirulina*-Pulver ernährt werden. Ab einer Größe von 4 mm kann mit frisch geschlüpften *Artemia*-Nauplien und feinem Flockenfutter zugefüttert werden.

Bedingt durch die intensive Fütterung im Aquarium ist es sehr wichtig, vor allem die Nitrit- und Phosphatwerte zu kontrollieren. Zu hohe Nitritgehalte führen oft zum Tod der Nachzucht, da die Häutung dann fehlerhaft abläuft. Phosphat verursacht bei hohen Gehalten ebenfalls das Absterben der Nachzuchten. Nach etlichen Häutungen und verschiedenen Entwicklungsstadien – bei Amano-Garnelen sind es neun – sind die Larven nach 4–6 Wochen zu jungen Garnelen herangewachsen und gehen zum Bodenleben über.

Tragendes Weibchen einer Sumatra-Color-Garnele (*Caridina brevicarpalis*). Diese Art zählt zum primitiven Fortpflanzungstyp, dessen Larven zum Heranwachsen Salzwasser benötigen. Foto: J. Kühne

Krankheiten

Vor einigen Jahren wusste kaum jemand etwas über Garnelenkrankheiten in der aquaristischen Haltung. Verluste einzelner Exemplare wurden oft einfach als Folge falscher Haltungsbedingungen eingeschätzt, was auch sicher zutreffen mag – denn durch den damit verbundenen Stress und die Schwächung des Immunsystems erkranken und sterben die Tiere schneller. Hier befinden wir uns momentan auf dem Stand, wie wir ihn vor ca. 60 Jahren bei Zierfischkrankheiten vorfanden – also erst am Anfang.

Bakterien, Pilze und Viren finden sich überall und können beispielsweise über Atmung, Verletzungen oder Nahrung aufgenommen werden. Bei den Bakterien werden nützliche, harmlose (aphatogene) und Krankheiten erregende (pathogene) Typen unterschieden, wobei die nützlichen überwiegen, die krankheitserregenden dagegen in geringer Anzahl vorkommen und bei gesunden Garnelen keinen Schaden anrichten. Die überwiegende Mehrzahl der Bakterien des Darms sind sogar nützliche Verdauungshilfen. Eine solche gemeinsame Lebensweise zweier Lebewesen zum beiderseitigen Nutzen bezeichnen wir als Symbiose. Viele Bakterien sind also eigentlich harmlos, aber je nach Art, Dichte und vor allem auch je nach Lokalisation und Immunität des Wirts können sie auch sehr gefährlich sein.

Chronische Erkrankung der inneren Organe bei *Macrobrachium*. Symptome oder Verluste können langsam über mehrere Tage oder Wochen auftreten. Foto: M. Wolfinger

Welcher Garnelenhalter kennt folgendes Szenario nicht? Der Aquarianer hat ein gut funktionierendes und seit langem eingelaufenes Garnelenaquarium, die Garnelen vermehren sich prächtig. Ohne ersichtlichen Grund findet sich plötzlich die eine oder andere tote Garnele im Aquarium. Anfangs wird noch nicht viel dahinter vermutet, da es bei Garnelen durch eine Fehlhäutung oder natürlich altersbedingt vorkommen kann, dass ein einzelnes Tier stirbt. Am nächsten Tag finden sich aber leider wieder ein oder gar zwei tote Exemplare, und so geht es weiter. So manch ein Garnelenhalter verzweifelt, denn auch nach eingehender Überprüfung der Wasserwerte kommt er zu keinem Ergebnis, wodurch das plötzliche Sterben verursacht sein könnte.

Untersuchungen und Tests zeigten immer wieder, dass es sich in solch einem Fall um bakterielle Infektionen handelt. Die häufigsten auftretenden Bakterienarten bei Untersuchungen waren – neben einem Befall mit Kokken – Stäbchenbakterien. Sie können z. B. zu den Gattungen *Aeromonas*, *Plesiomonas*, *Vibrio*, *Campylobacter*, *Pseudomonas* oder *Legionella* gehören. Bakterien werden nach Morphologie, Färbbarkeit, O_2-Stoffwechsel und anderen Merkmalen eingeteilt. Unter dem Mikroskop lässt es sich bestimmen, ob es sich um Kugelbakterien (Kokken), um bewegliche oder unbewegliche Stäbchenbakterien oder um spiralförmige Formen handelt, nicht aber, um welche Gattung oder Art. Es hat sich eingebürgert, dass unbewegliche Stäbchenbakterien, die unter dem Mikroskop zu sehen sind, in die Gattung *Aeromonas* und bewegliche Stäbchenbakterien in die Gattung *Pseudomonas* eingeordnet werden, da diese die am häufigsten vorkommenden Gattungen sind. Um sie aber genau nach Gattung und Art zu bestimmen, müssten hohe Konzentrationen durch Anlegen von Kulturen auf Agarplatten erreicht werden. Die erforderlichen sterilen Bedingungen sind nur im Labor zu erreichen. Die beschriebenen bakteriellen Infektionen sind neben falschen Haltungsbedingungen eine der häufigsten Todesursachen bei Garnelen, wenn die Bakterien sich durch ungünstige Bedingungen stark vermehren. Um bakterielle Infektionen zu bekämpfen, ist es wichtig, den Zusammenhang zu verstehen und zu wissen, wie sie zustande kommen.

Wichtigster Faktor im Kampf gegen Bakterien – die Keimzahl im Aquarienwasser! Damit ist die Anzahl der Mikroorganismen (Bakterien) gemeint, die je Milliliter des infizierten Materials zu finden ist. Sie sagt jedoch noch nichts über die Arten, Nützlichkeit oder Schädlichkeit dieser Bakterien aus. Die Anzahl der Mikroorganismen in einem Substrat kann mit verschiedenen Methoden ermittelt werden. Eine davon ist das direkte Auszählen unter einem Mikroskop. Hierzu benötigt man aber ein Okular mit eingelegter Rasterplatte. Dabei werden normalerweise alle Bakterien erfasst und sind auszählbar. So wird

Mit Myxosporidien infizierte Garnelen zeigen oft ein milchiges Aussehen des gesamten Körpers.
Foto: M. Wolfinger

die Gesamtkeimzahl ermittelt. In Flüssen, Teichen und Meeren setzen sich Veränderungen im Gegensatz zum Aquarium im Allgemeinen sehr langsam durch. In natürlichen Gewässern kommen Phosphat, Nitrit und Nitrat in solchen hohen Konzentrationen wie im Aquarium nicht vor. Ein Aquarium ist also durch seine relativ geringe Größe sehr anfällig für plötzliche und starke Veränderungen der Wasserqualität. Jede Veränderung der Umgebungsverhältnisse aber hat Auswirkungen auf den Gesundheitszustand wasserbewohnender Tiere. Größere Tiere vertragen schlechtere Wasserqualität und somit gleichzeitig eine höhere Keimzahl meist besser als kleine Tiere wie unsere Garnelen.

Wichtigste Regeln für ein ausgewogenes Verhältnis sind eine gründliche Aquarienpflege und regelmäßiger Wasserwechsel. Der Wasserwechsel dient nämlich auch dazu, mit Bakterien belastetes Wasser zu entfernen. Im Aquarium findet sich gewöhnlich eine Keimzahl von 1.000–10.000.000/ml. Dabei sind 1.000 Bakterien/ml nur im sehr gering besetzten und extrem gut gepflegten

Hygiene

Im Kampf gegen Krankheiten sind regelmäßige Wasserwechsel, Hygiene und gute Pflege sehr wichtig. Ausscheidungen der Garnelen belasten das Wasser genauso wie abgestorbene Pflanzen oder zu viel Futter. So wie der Mensch ein Recht auf sauberes, reines Trinkwasser hat, wollen unsere Garnelen und Fische auch nicht ihren eigenen Urin trinken, um es salopp zu formulieren. Ein Aquarium funktioniert umso besser, je regelmäßiger Pflegearbeiten durchgeführt werden. Ein wöchentlicher Wasserwechsel von 30–50 %, besser mehr, zählt zur Pflicht eines Aquarianers. Beachten Sie all dies, so haben pathogene Krankheitserreger bei Ihren Garnelen kaum eine Chance.

Aquarium zu erzielen. Zum Vergleich: Im Trinkwasser befinden sich normalerweise zehn bis maximal 100 Bakterien/ml. Sie sehen also – durch einen regelmäßigen Wasserwechsel lässt sich die Keimzahl erheblich reduzieren und so einer bakteriellen Infektion erheblich vorbeugen. Auch Versäumnisse in der Filterhygiene führen unweigerlich zur Verschlechterung der Wasserqualität. Ein zugeschlammter Filter ist nicht mehr in der Lage, das Wasser richtig zu reinigen, um so Schadstoffe abzubauen. Werden also ein regelmäßiger Wasserwechsel und die Filterpflege vernachlässigt, steigt die Keimzahl im Aquarienwasser und kann eine gesundheitsschädigende Grenze für alle wasserbewohnenden Tiere überschreiten.

Wie aber kommt eine bakterielle Infektion zustande? Ist die Keimzahl durch mangelnde Hygiene im Aquarium zu hoch, so können die Bakterien den Wirt über verschiedene Infektionswege erreichen, beispielsweise über die Verunreinigung des Wassers oder über die Nahrung, vor allem wenn liegen gebliebene Futterreste nicht aus dem Aquarium entfernt werden. Ist das Immunsystem einer Garnele nun z. B. durch Transportstress, Überbesatz, eine Verletzung, eine vorangegangene Krankheit oder Parasitenbefall geschwächt, so kann selbst die Normalflora, also die sonst harmlose Bakterienflora eines Organismus zu einer bakteriellen Erkrankung führen. Pathogene Bakterien nutzen die Gelegenheit, sich während einer Immunschwäche des erkrankten Organismus zu vermehren. Sie dringen z. B. über die Nahrung ein, durch Verzehr liegen gebliebener, verdorbener Futterreste oder toter Artgenossen im Aquarium. Indem sich das Bakterium an Strukturen oder in den Zellen des noch gesunden Wirts anheftet, kann es in das Gewebe, die inneren Organe oder die Muskulatur gelangen oder bei einer Schädigung des Panzers infolge einer vorangegangenen Verletzung direkt eindringen.

Bei einer bakteriellen Infektion können unterschiedliche Symptome auftreten. Meist sterben aber nicht mehr als 1–2 Tiere täglich, sondern über Tage und Wochen verteilt immer nach und nach einzelne. Bei einer Infektion kann immer eine große Anzahl von unterschiedlichen Bakterien sowohl in den Organen als auch auf und unter dem Panzer nachgewiesen werden. Bei Zwerggarnelen lassen sich vier Formen bakterieller Infektionen unterscheiden: äußere Infektionen, innere Infektionen, Infektionen der inneren Organe und Septikämie (Blutvergiftungen). Diese Formen sind abhängig von der Art und den Eigenschaften der am Krankheitsgeschehen beteiligten Bakterien. Der Krankheitsverlauf variiert zwischen schnell auftretend und oft tödlich bis chronisch. Die Sterberate reicht von unbedeutend bis 100 %. Zu Beginn einer bakteriellen Infektion zeigen sich allgemeine Symptome wie Farbverlust, Apathie, Sauerstoffdefizit (erkrankte Garne-

Die weiße Färbung des Hinterleibs entsteht durch Zersetzung des Muskelgewebes durch Bakterien.
Foto: M. Wolfinger

len halten sich bevorzugt in sauerstoffreichen Abschnitten auf, z. B. in der Nähe des Filtereinlaufs, der Belüftungseinrichtung oder an der Wasseroberfläche) sowie unkoordiniertes und orientierungsloses Schwimmen. Auch kommt es zu Fressunlust und Wachstumsstillstand. Erst im weiteren Verlauf treten dann spezifischere Symptome auf.

Innere Infektionen

Am häufigsten leiden Garnelen unter inneren Infektionen. Typisch dafür sind verstärkte Abwehrmechanismen, die vermutlich durch ein Endotoxin ausgelöst werden. Es bilden sich Klumpen aus Erreger- und Abwehrzellen, die zu Nekrosen (Zersetzungen) der betroffenen Gewebe führen, insbesondere der Muskulatur. Ein solches Krankheitsbild beginnt als weiße, milchige Verfärbung des Hinterleibs, die sich innerhalb weniger Stunden von oben nach unten über den ganzen Körper ausbreiten kann. Es kommt zu einer Verflüssigung der nekrotischen Zellen. Schließlich werden die Nekroseherde mit Bindegewebe umgeben und gehen in gut eingekapselte Abszesse über. Auch eine orange Verfärbung von Hinterleib und Rücken kann auftreten. Die Sterberate hängt von der Virulenz des Erregers und der Befallsstärke ab. Bei Tieren mit bereits deutlich sichtbaren Symptomen ist eine Heilung kaum noch möglich, sie sterben meist innerhalb einiger Tage.

Zersetzung der obersten Panzerschicht durch spirillenartige Bakterien
Foto: M. Wolfinger

Äußere Infektionen

Äußere Infektionen kommen bei Garnelen hauptsächlich am Schwanzfächer sowie an den Antennen und auf dem Panzer vor. Der Panzer ist in einem solchen Fall von großen und kleinen, orangebraunen Flecken übersät und zerfressen. Diese können zuerst punktförmig sein und sich dann bis zu geschwulstartigen Erhebungen oder kraterähnlichen Vertiefungen ausbreiten. Weiterhin kann es zu einem moosartigen, gelb-grünen Belag des Panzers und der Kiemen durch Verschmutzung und Wachstum von Fäulnisbakterien, Algen, Pilzen oder Ektoparasiten

Infektion der inneren Organe. Zum Vergleich: oben gesunde, unten erkrankte Garnele.
Foto: M. Wolfinger

kommen. Auch einzelne Schreitbeine und die Antennen können von einer Infektion befallen werden, erscheinen dann rosa und sehen wie abgestorben aus. Infolge der Infektion brechen sie dann auch häufig ab. Eine Häutung führt meist zur Gesundung. Liegt eine akute Infektion vor, so besteht jedoch kaum eine Aussicht auf Heilung. Garnelen, deren Schwanzfächer oder Antennen komplett befallen sind, haben normalerweise keine Überlebenschance. Erkennt man die Krankheit früh und verbessert rechtzeitig die Haltungsbedingungen, bekommt man sie aber bei noch ansonsten gesund erscheinenden Garnelen gut in den Griff. Folgen der Infektion sind auch oft Störungen des Häutungsprozesses.

Die Porzellankrankheit tritt überwiegend bei importierten Garnelen auf, selten in etablierten Stämmen. Im fortgeschrittenen Stadium erscheinen Extremitäten und Körper glasig.
Foto: M. Wolfinger

Bei derart schweren Symptomen ist eine Erkrankung offensichtlich. Foto: M. Wolfinger

Infektion der Organe

Bei verschiedenen durchsichtigen Garnelenarten, bei denen die Organe von außen zu erkennen sind, kann bei einer inneren Infektion beobachtet werden, dass die inneren, durchscheinenden Organe, die bei gesunden Garnelen dunkel erscheinen, rosa sind und aussehen, als wären sie entzündet. Untersuchungen zeigen meist einen Befall des Hepatopankreas, aber auch anderer Organe wie Kiemen, Herzmuskel und Nervenzellen. Verursacher sind oft Mikrokokken, Stäbchenbakterien und *Vibrio*. Infizierte Tiere mit erkennbaren Symptomen sterben rund 2–14 Tage später. Eine Behandlung ist bisher nicht möglich.

Septikämie (Blutvergiftung)

Die Septikämie tritt eigenständig oder in Folge einer lokalen äußeren Infektion auf, wenn die Keime von der Infektion aus in den Blutkreislauf gelangen. Seltener entsteht sie nach einer lokalen inneren Infektion, weil die Erreger bei dieser Form in der Regel sofort gut eingekapselt und rasch vernichtet werden. Die systemische Septikämie verläuft ohne spezifische Symptome, die Sterblichkeit beträgt 100 %. Eine Behandlung ist bislang nicht möglich.

„Falsche Pilzkrankheit", eine Infektion mit Glockentierchen bei einer jungen White-pearl-Garnele. Da die Symptome eines Pilzbefalles sehr ähnlich aussehen, wird oft mit Medikamenten gegen Pilzbefall behandelt, die hier aber natürlich nicht anschlagen. Foto: M. Wolfinger

Behandlungsmöglichkeiten

Je nachdem, wie weit eine Infektion bereits fortgeschritten ist, kann eine Optimierung der Wasserwerte z. B. durch kürzere Intervalle bei den Wasserwechseln in manchen Fall Besserung verschaffen. Bevor der Aquarianer zu Medikamenten greift, sollte Folgendes versucht werden: Um die Keimzahl im Aquarienwasser zu verringern und um dessen Qualität generell zu heben, sollten eine Woche lang täglich 80 % gewechselt werden. Verwenden Sie beim Wasserwechsel immer ein geeignetes Wasseraufbereitungsmittel für Garnelen wie Garnisave oder Biotopol+C, um das Leitungswasser garnelengerecht zu machen und um möglicherweise vorhandene Schwermetalle im Wasser zu binden. Tritt danach noch immer keine Besserung ein, sollten Sie auf eine medikamentöse Behandlung zurückgreifen. Hierzu ist es aber wichtig zu wissen, um welche bakteriellen Erreger es sich handelt. Hier helfen also nur entsprechende Untersuchungen weiter, die beispielsweise ein spezialisierter Tierarzt durchführen kann, der dann auch entsprechende Medikamente verordnet und Sie über deren Anwendung informiert.

Da sich die Organe nach dem Tod zuerst zersetzen, tritt hier rasch eine braunrote Färbung auf.
Foto: M. Wolfinger

Weitere wichtige Krankheiten

Als weitere gesundheitliche Probleme bei Garnelen kurz erwähnt werden sollten Pilzinfektionen, die Falsche Pilzkrankheit, die Rost- und Brandfleckenkrankheit, Saugwürmer und einige mehr. Leider können wir an dieser Stelle nicht detailliert darauf eingehen und verweisen daher auf die Internetseite www.crustakrankheiten.de. Sie hat sich dieses Themengebiets speziell angenommen und bietet auf mittlerweile 200 Seiten eine umfassende Datenbank mit allen bisher bekannten Krankheiten bei Garnelen, Krebsen, Krabben und Schnecken in der aquaristischen und der aquakulturellen Haltung.

Befall mit *Achlya*-Pilzgeflecht
Foto: M. Wolfinger

Artenteil

Gattung *Caridina*

Foto: M.Wolfinger

Fire-red-Garnele
Caridina cf. *appendiculata*

Über die genaue Herkunft dieser Garnele ist bisher nicht viel bekannt. Exportiert wird diese farbenfrohe Form meist über Singapur. Ihre Grundfarbe reicht von einem hellen, blassen Rot bis hin zu einem kräftigen Ziegelrot. Somit ist sie durchaus eine Alternative zur Red-cherry-Garnele. Wie bei vielen Zwerggarnelen ist die Färbung stimmungsabhängig.

Die Tiere fressen jegliches handelsübliche Fischfutter ebenso wie *Spirulina*-Tabletten. Im Aquarium verhalten sie sich gegenüber Fischen und anderen Zwerggarnelen friedlich. Sie können eine Größe von 5 cm erreichen. *Caridina* cf. *appendiculata* ist eher wärmeliebend, daher sind als ideale Haltungstemperatur Werte von 24–27 °C anzusehen. Der pH-Wert sollte zwischen 6 und 7,5 liegen. Über die Zucht ist nichts bekannt. Da die Weibchen sehr viele kleine Eier tragen, ist davon auszugehen, dass es sich hierbei um den primitiven Fortpflanzungstyp handelt.

Grasgrüne Garnele
Caridina babaulti „Green"

Das Verbreitungsgebiet dieser Art umfasst Indien und Sri Lanka – daher wurde sie früher irrtümlich auch *C. ceylanica* genannt. Sie ist das Chamäleon unter den Garnelen. Je nach Wohlbefinden kann sie ihre Färbung innerhalb weniger Minuten von Hellgrün bis Blau, Braun oder Rot ändern. Auf dunklem Bodengrund kommt ihr grünes Kleid sehr gut zur Wirkung. Man kann diese friedliche Garnele in Aquarien ab 50 l mit einem pH-Wert um 7 pflegen. Wie bei vielen anderen Garnelen sollte auch bei dieser die Temperatur nicht über 25 °C steigen. Männchen werden bis 3,5 cm lang, außerdem sind sie schlanker als Weibchen, die etwas größer werden und kräftiger wirken.

Foto: M.Wolfinger

Nach einer guten Eingewöhnung pflanzt sich die Grasgrüne Garnele leicht fort. Die Weibchen tragen etwa 60 giftgrüne Eier. Nach einer etwa vierwöchigen Tragezeit schlüpfen fertig entwickelte Junge.

Hummelgarnele
Caridina cf. *breviata* „Hummel“

Die Herkunft dieser Art ist bis dato unbekannt. Vermutlich kommt sie aus der Umgebung von Hongkong sowie weiteren Gebieten Asiens. Für die Haltung im Aquarium eignen sich bereits Behälter ab 15 l Inhalt. Der pH-Wert sollte zwischen 6,5 und 7,5, die Härte zwischen 5 und 15 °dGH betragen.

Als ideale Haltungstemperatur sind Werte von 15–26 °C anzusehen. Die Hummelgarnele ist hauptsächlich transparent weiß gefärbt, mit drei breiten, schwarzen Bändern auf dem Körper. Es gibt mittlerweile auch von dieser Garnele mehrere Zuchtvarianten, eine schokoladenbraune und eine silbern gebänderte. Ende 2004 wurden in einem Import der normalfarbenen Hummelgarnele aus Indien auch vereinzelt rote Exemplare entdeckt. Diese Färbung scheint sich nach bisherigen Erkenntnissen konstant zu vererben. Die Hummelgarnele erreicht ca. 2,5 cm Länge. Männchen bleiben deutlich schlanker und mit 2 cm etwas kleiner als Weibchen. Wie bei allen *Caridina*-Arten ist auch bei den Weibchen der Hummelgarnelen die Bauchtasche weiter heruntergezogen. Die Hummelgarnele gehört zum spezialisierten Fortpflanzungstyp und bringt nach einer vierwöchigen Tragezeit ca. 40 etwa 2 mm große Junge zur Welt.

Foto: J. Schmidt

Foto: M. Wolfinger

Algengarnele
Caridina cantonensis

Das Hauptverbreitungsgebiet dieser kleinen Garnele befindet sich in West-China und Taiwan. Dort lebt sie in kleinen Bächen und Flussläufen. Häufig kommt es durch das ähnliche Aussehen zur Verwechslung mit der Amano-Garnele.

Die Pflege der Algengarnele ist einfach. Schon Aquarien ab 12 l Inhalt genügen für die erfolgreiche Haltung und Zucht. An die Wasserwerte stellt sie keine besonderen Ansprüche. Die Haltung bei pH-Werten von 6,0–7,5 und einer Gesamthärte bis 8 °dGH hat sich bisher als problemlos herausgestellt. Die Algengarnele ist eine sehr ruhige und friedliche Art, die ständig auf Nahrungssuche ist. Weibchen erreichen eine Länge von 3 cm, Männchen bleiben mit 2,5 cm kleiner und sind deutlich schlanker. Die Weibchen tragen etwa 30 Eier. Nach rund vier Wochen entlässt das Muttertier fertig entwickelte, 1,5 mm große Junge.

Foto: M. Wolfinger

Bienengarnele
Caridina cf. *cantonensis* „Biene"

Diese Form ist in Hongkong weit verbreitet, sie kommt auch auf dem Festland in Lam Tsuen vor. Dort wurde sie in zwei Bächen gefunden, deren Grund aus Sand- und Kiesbänken zwischen großen Steinen besteht. Die Garnelen leben in schattigen Bereichen, vor allem da, wo sich Falllaub angesammelt hat. Das Wasser ist mit einem pH-Wert um 6 und einer Gesamthärte von 8 °dGH recht weich.

Diese hübsche Garnele ist orange, weiß und schwarz gefärbt. Die Intensität der Farben kann – abhängig von Wasser und Futter – stark variieren. Neben der Color-Bienengarnele gibt es noch die Wildform, aus der die begehrte Crystal-red-Bienengarnele (siehe unten) gezüchtet wurde. Die Temperatur sollte zwischen 20 und 25 °C liegen, der pH-Wert nicht über 7.

Männchen erreichen eine Länge von ca. 25 mm und sind deutlich schlanker als Weibchen. Diese werden etwa 30 mm lang. Bei ihnen ist der Panzer im Bereich der hinteren Schwimmfüße weiter nach unten gezogen. Das Weibchen trägt nach der Begattung etwa 30 Eier am Hinterleib. Etwa vier Wochen später werden fertig entwickelte Jungtiere entlassen. Ihre Alterserwartung liegt nur bei einem bis anderthalb Jahren.

Rote Bienen- oder Kristallrote Garnele
Caridina cf. *cantonensis* „Crystal red“

Eine der wohl attraktivsten und beliebtesten Zwerggarnelen stammt als Zuchtform aus Japan und kommt nicht in der Natur vor. Sie wurde 1996 von Hisagsu Suzuki aus einer Mutation der naturfarbenen Bienengarnele gezüchtet. Es gibt mittlerweile mehrere Zuchtvarianten: Exemplare mit geringem Weißanteil, flächig weiß gestreifte oder solche ohne Weiß; Letztere ist vor allem in Japan sehr beliebt. Dort werden für diese Garnelen Spitzenpreise verlangt – je nach Rotanteil und Streifenzeichnung bis zu 1.000 Euro für ein Exemplar.

Foto: M. Wolfinger

In Aquarien ab 12 l Inhalt und auch in Gesellschaft kleiner Fischen oder anderer friedlicher Garnelen lässt sich die Kristallrote Garnele problemlos pflegen. Die günstige Haltungstemperatur liegt zwischen 20 und 26 °C – auf keinen Fall darüber! Auf höhere Temperaturen reagieren die Tiere empfindlich und können sogar sterben. Der pH-Wert kann zwischen 6,5 und 7,5 liegen, die Gesamthärte darf nicht höher als 10 °dGH sein. Männchen erreichen 2 cm, Weibchen 2,5 cm Länge.

Nach ca. vier Wochen Tragezeit entlässt das Weibchen etwa 30 bis zu 1,5 mm große, fertig entwickelte Jungtiere, die bereits genauso schön wie ihre Eltern gezeichnet sind.

Tiger-Garnele
Caridina sp. „Tiger"

Diese Garnele stammt aus Venezuela. Sie steht verwandtschaftlich der Bienengarnele nahe, und es hat sich bereits herausgestellt, dass sich beide Arten kreuzen. Typisch für diese Garnelen sind fünf dünne Streifen, die sich über den Körper ziehen. Die Färbung dieser Streifen reicht von Rotbraun bis hin zu Schwarz. Männliche Tigergarnelen erreichen eine Größe von 2,5 cm, weibliche werden bis 3,5 cm groß.

Foto: M. Wolfinger

Wie bei anderen *Caridina*-Arten ist auch bei dieser das Weibchen kräftiger und sein Hinterleib als Bauchtasche weiter heruntergezogen. Die Zucht ist recht einfach, da das Weibchen nach vier Wochen Tragzeit etwa 50 fertig entwickelte Junge entlässt, die direkt zum Bodenleben übergehen und dort sofort mit der Nahrungssuche beginnen. Ihre Haltung ist bereits in Becken ab 25 l möglich. Der pH-Wert sollte um 7 liegen. Wassertemperaturen bis maximal 26 °C verträgt diese Garnele problemlos.

Von der Tigergarnele gibt es herausgezüchtete schwarze und blaue Farbformen. Bei der Schwarzen Tigergarnele sind die charakteristischen Streifen praktisch über den ganzen Körper verteilt, sodass sie fast völlig schwarz aussieht. Die Zucht dieser Formen ist – wie bei der normalen Tigergarnele auch – relativ einfach, jedoch muss bei der schwarzen Farbform eine gezielte Auslese erfolgen, um dauerhaft komplett flächig getönte Tiere zu erhalten.

Fernandos Rückenstrichgarnele
Caridina fernandoi

Diese Garnele stammt von Sri Lanka. Sie wurde im Fluss Kuda Oya entdeckt, der sich vom Hochland durch das Trockengebiet der Südküste zieht. Dort lebt sie in klarem, aber etwas braunem Wasser bei einer Temperatur um 26 °C und einem pH-Wert um 7.

Gefunden wird die Garnele dort meist an seichten Stellen mit viel Laub. Pflegen lässt sie sich in Becken ab 25 l problemlos, auch mit anderen Garnelen, und in größeren Aquarien gemeinsam mit friedlichen Fischen.

Auffallend ist, dass diese Garnele sich an den Bodengrund farblich anpasst, d. h. bei hellem Bodengrund präsentiert sie hellere Far-

Foto: J. Kühne

ben, bei dunklerem Bodengrund zeigt sie sich intensiver dunkel. In der Färbung und Zeichnung ist diese Garnele recht variabel. Manche Exemplare besitzen einen breiten Rückenstrich, daher auch der Name. Bei vielen Individuen fehlt er allerdings komplett. Neben unscheinbar weiß gefärbten kommen auch braune, rote und blaue bis hin zu dunkelblauen Garnelen vor. Innerhalb eines Zuchtstamms können sowohl hell gefärbte als auch tiefschwarze Garnelen vertreten sein.

Fernandos Rückenstrichgarnele ist relativ leicht zu züchten. Die Eier sind bräunlich und sehr klein. Das Weibchen entlässt keine fertigen Jungtiere, sondern kopfüber frei schwimmende Larven ins Süßwasser, es können über 100 sein, die dann nach ein paar Wochen zum Bodenleben übergehen. Die Zucht ist bereits mehrfach gelungen.

Rote Nashorngarnele
Caridina gracilirostris

Diese Art wurde bis vor kurzem in der Aquaristik noch als *Palaemon scarletti* bezeichnet. Die Garnele ist im pazifischen Raum weit verbreitet und kommt hier in Brackwasserbereichen vor, überwiegend in Mangrovensümpfen. Sie ist eng mit *C. nilotica* verwandt.

Typisch für diese Garnelen ist ihr stark verlängertes rotes Rostrum. Das Rot leuchtet besonders intensiv, wenn sich die Garnele wohl fühlt. Sie ist eine friedliche Art, die sich meist frei schwimmend durch das Aquarium bewegt. Aus diesem Grund sollte sie nicht in einem Becken unter 50 l gehalten werden. Im Vordergrund muss genügend Schwimmraum vorhanden sein.

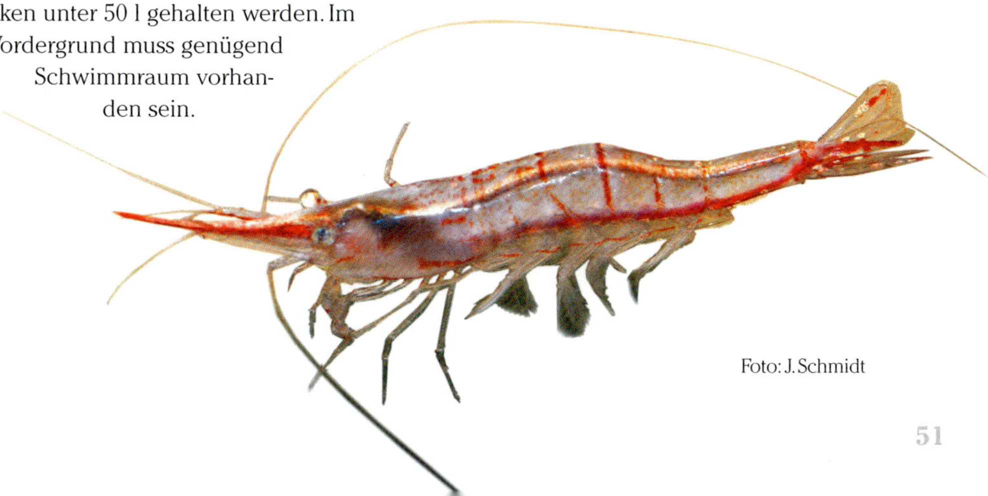

Foto: J. Schmidt

Caridina gracilirostris ist eine Wärme liebende Art, sie bevorzugt eine Wassertemperatur von 25–28 °C und einen pH-Wert um 7. Unter anderem hat auch sie sich als sehr guter Algenfresser erwiesen. Männchen erreichen eine Länge von 3,5 cm, Weibchen werden bis 4 cm groß. Diese Garnele gehört zum spezialisierten Fortpflanzungstyp. Sie setzt ohne großes Zutun Laich an, ist aber dennoch schwer zu vermehren. Nach rund vier Wochen stößt das Weibchen etwa 100 aus den Eiern geschlüpfte, 2 mm große Larven ab. Diese benötigen Salzwasser zur weiteren Entwicklung. Zuchterfolge wurden schon erzielt, allerdings sind die Larven um einiges schwerer durchzubringen als die der Amano-Garnele, weil sie kleiner sind und zur Aufzucht noch feineres Plankton benötigen.

Amano- oder Yamatonuma-Garnele
Caridina multidentata

Hier handelt es sich um eine der bekanntesten Garnelenarten. Ihrem Einsatz als Algenfresser ist sicher ein wesentlicher Anteil am heutigen Interesse an Garnelen zu verdanken. *Caridina multidentata* wurde durch Takashi Amano und seine Naturaquarien unter dem damaligen Namen *C. japonica* bekannt. Amano setzt diese Garnelen zur Algenbekämpfung in seinen Aquarien ein. Die Art lebt in der Region Yamuto, dort vor allem in Flüssen, die in den Pazifischen Ozean münden. Vor kurzem wurde sie auch in Gewässern des östlichen Teils Japans entdeckt. Bevorzugt leben die Tiere hier im Ober- und Mittellauf der Flüsse.

Foto: M. Wolfinger

Die Amano-Garnele kann in Aquarien ab 25 l gehalten werden und ist für fast jedes Becken geeignet sowie leicht zu pflegen. Gegenüber der Wasserbeschaffenheit ist sie tolerant und kann sowohl im weichen als auch im harten Wasser gehalten werden. Auch Temperaturen von bis zu 28 °C und höhere pH-Werte bis 8 verträgt sie gut. Ihr Äußeres ist milchig, glasig, mit 0,3 mm großen, braunen bis rotbraunen Punkten auf dem Körper und einem schmalen Rückenstrich.

Amano-Garnelen haben eine Lebenserwartung von bis zu drei Jahren. Einige der Tiere erreichen sogar 4–5 Jahre und erfreuen sich noch bester Gesundheit. Weibchen können bis 5 cm, Männchen bis zu 4 cm lang werden, ohne Fühler gemessen. Die Geschlechter lassen sich gut unterscheiden: Weibchen haben größere Bauchtaschen, sie zeigen als unterstes Muster auf dem Panzer eine Strichreihe, Männchen haben in diesem Bereich Punkte.

Die Amano-Garnele gehört zum primitiven Fortpflanzungstyp. Die Weibchen entlassen nach 4–6 Wochen Tragezeit die Larven ins Süßwasser, wo sie im Wasser schweben. Die Vermehrung ist bereits mehrfach gelungen. Zur erfolgreichen Aufzucht benötigen die Larven jedoch Meerwasser.

Orange-Celebesgarnele
Caridina cf. *propinqua* „Celebes"

Diese orange Garnele ist ein wahres Farbwunder. Eine wissenschaftliche Zuordnung erfolgte bisher noch nicht, es hat sich aber herausgestellt, dass es sich um eine nahe Verwandte von *C. propinqua* handelt, die im indopazifischen Raum weit verbreitet ist. Dort ist ihr Lebensraum im mündungsnahen Bereich unter Gezeiteneinfluss stehender Bachabschnitte und Mangrovensümpfe zu finden.

Foto: M. Wolfinger

Die Garnelen sind flächig orange gefärbt und kommen auf dunklem Bodengrund gut zur Geltung. Halten kann man sie schon in Aquarien ab 20 l Wasserinhalt und bei einer Wassertemperatur von 22–28 °C. Vergesellschaften lassen sie sich mit kleinen Fischen. Die Orange-Celebesgarnele kann eine Länge von 3 cm erreichen. Auch bei dieser Form haben die Weibchen weit ausgezogene Bauchtaschen und den typischen Eifleck im Nackenbereich. Um welchen Fortpflanzungstyp es sich bei dieser sehr schönen Garnele handelt, ist bisher noch nicht geklärt. Es wird aber vermutet, dass der primitive Fortpflanzungstyp vorliegt, sprich die Aufzucht nur im Salzwasser gelingt.

Ninja-Garnele
Caridina serratirostris

Wohl eine der interessantesten Neuimporte der letzten Jahre ist die Ninja-Garnele von Java. Leider ist über die Biotope der Art noch nicht viel bekannt, doch steht zu vermuten, dass sie in den Mündungsbereichen von Flüssen vorkommt. Für die Haltung im Aquarium eignen sich bereits Aquarien ab 20 l Inhalt. Der pH-Wert sollte zwischen 6,5 und 7,5 liegen, die Gesamthärte zwischen 5 und 15 °dGH. Die Garnelen verhalten sich friedlich und fühlen sich in kleinen Gruppen wohl, in denen ihre Musterung und Farbenpracht richtig zur Geltung kommt. Ihre Grundfärbung ist weiß, der Körper meist von fünf blauen oder roten Querstreifen überzogen, die sich bis in den Schwanzfächer fortsetzen können. Von *C. serratirostris* gibt es offenbar mehrere Farbmorphen. Alle sind sehr variabel, und die Garnelen können – je nach Stimmung und Umgebung – ihre Farbe ändern. Auch von der Wasserbeschaffenheit ist es abhängig, wie die Garnelen gefärbt sind: Die rote Streifung etwa kann auch in ein Rotbraun übergehen, bei den blauen Garnelen wechselt die Färbung je nach Stimmung von einem kräftigen Dunkelblau bis hin zu bräunlichen Streifen. Auch die Breite der fünf Streifen ist von Tier zu Tier unterschiedlich. Es kommen selbst Exemplare vor, bei denen die Streifen fast den ganzen Körper einnehmen.

Die Ninja-Garnele erreicht eine Größe von 4 cm, wobei die Männchen deutlich schlanker bleiben als die Weibchen. Wie bei allen *Caridina*-Arten ist auch bei den Weibchen der Ninja-Garnele die Bauchtasche weiter heruntergezogen. Die Garnelen gehören zum primitiven Fortpflanzungstyp und setzen ohne großes Zutun Laich an. Nach ca. vier Wochen stößt das Weibchen etwa 100 Larven ab. Die 1 mm großen Larven benötigen zur weiteren Entwicklung jedoch Salzwasser. Über Zuchterfolge ist bisher noch nichts bekannt.

Foto: M. Wolfinger

Blaue Rückenstrichgarnele
Caridina sumatrensis

Eine Garnele, deren Einfuhr erst kürzlich erfolgte, ist *C. sumatrensis*. Beschrieben wurde sie jedoch bereits 1892. Sie stammt aus der malaiischen Region. In Färbung und Zeichnung ist diese Garnele individuell recht unterschiedlich – und nicht jedes Exemplar weist einen Rückenstrich auf, wie der deutsche Name es vermuten ließe. Auch ist die Färbung je nach Wasserbeschaffenheit und Bodengrund unterschiedlich; sie kann von einem bläulichen Braun bis hin zu einem blassen Blau reichen.

Foto: M. Wolfinger

Weibchen werden ca. 5 cm lang, Männchen bleiben etwas kleiner. Bedingt durch die Größe empfiehlt sich eine Haltung in Aquarien ab 50 cm Länge. Der pH-Wert sollte zwischen 6 und 7,5 liegen, die Wassertemperatur um 26 °C. Die Vermehrung ist im Süßwasser möglich, hierbei werden aus den relativ kleinen Eiern frei schwimmende Larven entlassen, die sich von ihrem Dottersack ernähren und wie üblich im Verlauf ihrer weiteren Entwicklung zum Bodenleben übergehen.

Kardinalsgarnele
Caridina sp.

Die Kardinalsgarnele wurde erst vor kurzem entdeckt und gilt als eine der schönsten heute bekannten Süßwassergarnelen aus der Gattung *Caridina*. Durch ihre geringe Körpergröße von maximal 1,5 cm eignen sich die Tiere bestens für die Haltung in kleinen Aquarien. Sie leben

Foto: M.Wolfinger

ausschließlich im Mantano-See der indonesischen Insel Sulawesi (früher Celebes). Dieses Gewässer gehört zu einer Gruppe fünf großer Seen, die zusammen die Mallili-Seen bilden. Sie zeichnen sich durch ihre sehr gute Wasserqualität aus. Die Temperaturen der Seen betragen 26–29 °C, der pH-Wert liegt um 7,4. Beide Werte müssen auch im Aquarium eingehalten werden, um diese Garnele erfolgreich halten zu können. Als Bewohner von Hartsubstraten finden sich die possierlichen Tiere überwiegend auf Felsen oder unter Steinen in einer Tiefe von bis zu 10 m. Für die Einrichtung im Aquarium sollten daher grobe, dunkle Steine gewählt werden, unter denen sich die Zwerggarnelen verstecken und ihre Reviere bilden können.

Die Kardinalsgarnele gehört zum spezialisierten Fortpflanzungstyp. Die Weibchen setzen ohne großes Zutun Laich an, sind allerdings durch ihre Endgröße von nur 15 mm nicht sehr produktiv, sondern bilden maximal 15 Eier.

Foto: M. Reif

Harlekingarnele
Caridina woltereckae

Wie die Kardinalsgarnele stammt auch die Harlekingarnele von Sulawesi, jedoch aus dem Towuti-See, der ebenfalls zu den Mallili-Seen zählt. Das Ursprungshabitat ist eher arm an Pflanzen mit höherem Wuchs. In Gruppen leben die Garnelen zwischen kleinen und größeren Steinen und verlassen die Artgenossen so gut wie nie. Daher sollten sie auch im Aquarium in einer Gruppe von mindestens zehn Tieren gehalten werden. Der Bodengrund kann aus Sand oder feinem Kies in dunkler Farbe bestehen, die weitere Einrichtung aus Stein- und Wurzelaufbauten. Ebenso wie bei der vorherigen Art muss auch hier eine Temperatur zwischen 26 und 29 °C eingehalten werden, um eine erfolgreiche Pflege zu gewährleisten.

Wie die Kardinalsgarnele lässt sich auch die Harlekingarnele im Süßwasser vermehren. Eine Aufzucht der Junggarnelen stellt bei entsprechendem Futterangebot an Algen und Aufwuchsorganismen kein Problem dar, da fertig entwickelte Jungtiere entlassen werden.

Goldfleckgarnele, Goldpunktgarnele
Caridina cf. *spinata*

Die Goldfleckgarnele stammt aus dem Towuti-See. Im Gegensatz zu den Kardinals- und Harlekingarnelen erreicht diese Art eine Endgröße von ca. 2 cm und gehört somit zu den etwas größer werdenden Arten der Seen Sulawesis. Das Aquarium für sie sollte mindestens ein Volumen von 12 l umfassen, aber ein Becken von 60 cm Kantenlänge ist vorzuziehen, da die Wasserwerte darin stabiler gehalten werden können. Die Garnelen sind auf klares, sauberes, nährstoffarmes Wasser mit einer Temperatur von rund 28 °C und einem pH Wert um 8 angewiesen. Auch hier handelt es sich um ein Gruppentier, es sollten also mindestens zehn Exemplare gemeinsam gepflegt werden. Der Boden-

Foto: H.-G. Evers

grund sollte aus Sand oder feinem Kies in dunkler Farbe bestehen. Stein- und Wurzelaufbauten können sehr schön mit in der Terraristik erhältlichen Bananenwurzeln kombiniert werden, die mit ihrer feinen Struktur viel Platz zum Verstecken und zum Abweiden bieten.

Über den Vermehrungszyklus ist noch nichts bekannt, das Weibchen trägt aber zwischen 15 und 20 Eier aus. Die Nachzucht müsste unter der oben genannten Temperatur- und Wasserwerten durchaus möglich sein. Es sollte ein alteingefahrenes Aquarium mit vielen Aufwuchsorganismen zur Verfügung stehen.

Rote Rückenstrichgarnele
Caridina sp. „Sulawesi"

Leider weiß man bisher nichts Genaues über die Biotope der Roten Rückenstrichgarnele. Beheimatet ist sie auf Sulawesi. Es wird vermutet, dass sie in den Mündungsbereichen von Flüssen vorkommt.

Caridina sp. „Sulawesi" besitzt eine sehr schöne, auffallend braunrote Färbung. In ihrem Kolorit und der Zeichnung ist diese Garnele recht variabel, denn das Rotbraun kann auch ganz verschwinden, und die gesamte Garnele erscheint dann eher blassrot – vermutlich in Abhängigkeit von der Wasserbeschaffenheit. Die Tiere besitzen einen weißen Rückenstrich, der sich über das Abdomen bis hin zum Schwanzfächer ziehen kann.

Die Garnelen erreichen eine Endgröße von 3 cm und fühlen sich bei Wassertemperaturen von 22–26 °C und einem pH-Wert um 7,5 wohl. Wichtig ist, dass ein pH-Wert über 7 eingehalten wird.

Das Weibchen entlässt keine fertigen Jungtiere, sondern frei schwimmende Larven vom primitiven Typ ins Süßwasser. Es können über 100 sein, die dann nach ein paar Wochen zum Bodenleben übergehen.

Foto: M. Wolfinger

Gattung *Desmocaris*

Nigerianische oder Guinea-Schwebegarnele
Desmocaris trispinosa

Diese Garnele passt nicht ganz zum Hauptthema dieses Buchs, da sie einer anderen Gattung angehört. Als „weitere Zwerggarnele“ soll sie dennoch hier genannt werden.

Desmocaris trispinosa stammt aus West- und Zentralafrika. Dort lebt sie in klarem, aber etwas braunem Wasser bei einer Wassertemperatur von 22–26 °C und je nach Fundort bei einem pH-Wert von 6–8. Beobachtet wird die Garnele dort meist an seichten Wasserstellen mit viel Laub. Da diese Art sehr schwimmfreudig ist, sollte die Kantenlänge des Aquariums nicht unter 30 cm liegen; besser geeignet sind Becken ab 60 cm Länge. Damit die Garnele „schweben“ kann, darf nur eine geringe Strömung vorhanden sein. Sie bewegt sich aber auch durchaus am Boden fort. Der Bodengrund kann aus Sand oder feinem Kies bestehen. Zur weiteren Einrichtung dienen Wurzeln und Steinaufbauten.

Die Bepflanzung sollte im Vordergrund niedrig sein, damit die Garnelen hier vor den höheren und dichten Pflanzen im Hintergrund genügend Schwimmraum haben. Es sollten feinfiedrige Pflanzen, Moose, Bodendecker und niedrige Solitärpflanzen verwendet werden.

Foto: M. Killic

Laub darf auch hier nicht fehlen. Vergesellschaftet werden kann die Art mit kleinen, ruhigen Fischen, Zwerggarnelen und Schnecken, ein Artaquarium ist jedoch von Vorteil. Sie sollte in Gruppen zu mindestens zehn Tieren gehalten werden und zeigt beim Schwimmen sogar manchmal Schwarmverhalten.

Eine Nachzucht ist problemlos möglich. Nach der Verpaarung trägt das Weibchen innerhalb von 5–6 Wochen bei einer Temperatur von 25–30 °C 10–16 Eier aus. Über den Vermehrungszyklus ist noch nichts bekannt. Die geschlüpften Junggarnelen ernähren sich wie die adulten von allem, was ihnen im Aquarium geboten wird.

Gattung *Neocaridina*

Red-cherry-Garnele
Neocaridina heteropoda „Red"

Diese rote Mutante der normalfarbenen Rückenstrichgarnele, *N. heteropoda*, wurde von einem Fischfutterfänger auf Taiwan in einer kleinen Menge in einem 30 cm tiefen Tümpel gefunden. Im Jahr 2002 wurden erstmals Nachzuchten aus Taiwan nach Deutschland exportiert.

Da es sich bei der roten Färbung dieser schönen Form um eine Fettfarbe handelt, die in den Zellen der Garnelen eingelagert wird, sollten die Tiere unbedingt ab und an mit carotinhaltigem Futter ernährt werden. Ohne Zugabe dieses Stoffs würden die Garnelen mit der Zeit verblassen, weil sie die rote Fettfarbe nicht selbst produzieren können.

Foto: J. Schmidt

Diese Art ist die ideale Garnele für Einsteiger, da sie sich als vermehrungsfreudig und in der Pflege sehr einfach erwiesen hat. Ihre Alterserwartung liegt im Durchschnitt bei drei Jahren. Die ideale Wassertemperatur beträgt um 25 °C. Männliche Garnelen sind im Gegensatz zu Weibchen eher blass gefärbt, Weibchen sind kräftig rot. Die Produktionsstätte der Eier liegt im Nackenbereich, was gut am gelben Nackenfleck erkennbar ist.

Die Garnele ist sehr gut in hartem Wasser bei über 25 °dGH zu züchten. Nach vier Wochen Tragezeit entlässt das Weibchen – je nach Größe – bis zu 50 ca. 1 mm große, fertig entwickelte Junge, die bereits nach 3–4 Monaten geschlechtsreif sein können. Aufgrund ihrer schnellen Vermehrungsrate sollte diese Garnele nicht in zu kleinen Aquarien gepflegt werden. Ideal sind Becken ab 30 cm Länge.

Rotrückenmarmor-, Nektarinen- oder Marmorgarnele
Neocaridina palmata

Von *N. palmata* gibt es zwei verschiedene Varianten, die Nektarinen- sowie die Marmorgarnele. Die äußerst attraktive Nektarinengarnele stammt aus Südchina und wurde in Bergflüssen aus den Regionen Meizhou und Maixan gefangen. Als Fundort der Marmorgarnele werden das im Süden Chinas gelegene Anhui und die Region Bose im Gebiet Longlin und Guangx angegeben. Nur bei der Rotrücken-Marmorgarnele kommen rote Farbtöne im Rücken vor. Die rötlichen Flecken im Inneren der Garnele, die an Nektarinen erinnern, sind die Eingeweidesäcke.

Die Pflege beider Varianten ist problemlos. Die Garnelen sind bereits in Becken ab 40 l bei einem pH-Wert von 7 und einer Wassertemperatur um 25 °C zu halten. Die Färbung ist braungrau, jedoch kenne ich auch einzelne Exemplare, die intensiv blau bis dunkelblau getönt sind.

Die Garnelen erreichen eine maximale Länge von 2 cm. Weibchen entlassen um die 30 fertig entwickelte Jungtiere, die nach 3–4 Monaten ihrerseits geschlechtsreif sind. Im Gegensatz zu den Eltern zeigen aber die Nachzuchten der Form aus Südchina nicht die markante Färbung im Rücken. Es wird vermutet, dass den Tieren bei der Aquarienhaltung Nahrungsbestandteile fehlen, die sie in der Natur finden. Andere behaupten, die Färbung der Organe werde durch einen Parasiten aus der Gruppe der Kratzer hervorgerufen, der in der Natur über die Nahrung aufgenommen werde, im Aquarium aber gänzlich fehle. Was genau die Färbung hervorruft, ist bisher jedoch noch nicht geklärt.

Foto: M. Wolfinger

Foto: M. Wolfinger

Weißperlen- oder White-pearl-Garnele
Neocaridina cf. *zhangjiajensis* „White“

Diese Garnele stellt keine Mutante von *N. denticulata* dar, wie irrtümlich behauptet wurde. Es handelt sich vielmehr um eine eigenständige Variante, wahrscheinlich nahe verwandt mit *N. zhangjiajenis.* Die Garnelen sind weiß gefärbt, einige zeigen ansatzweise einen leichten Rückenstrich. Weibchen erreichen Längen von 2,5 cm, Männchen bleiben einen halben Zentimeter kleiner. Auf dunklem Bodengrund kommen die Garnelen mit ihrer weißen Färbung sehr schön zur Geltung.

Aquarien ab 12 l Inhalt sind bei einem pH-Wert zwischen 6,5 und 7,5 geeignet. Wassertemperaturen von 20–28 °C vertragen sie gut. Die Geschlechter lassen sich an den durch den Panzer strahlenden, weißen Geschlechtsorganen der Weibchen während der Eireifung sehr gut unterscheiden. Auch die getragenen Eier sind schneeweiß gefärbt. Die Zucht ist einfach. Etwa vier Wochen nach der Begattung – in sechswöchigen Abständen – bringen die Weibchen 20–30 fertig entwickelte Junge zur Welt.

Crusta-Hotline

Alle Wirbellosenfreunde, die Probleme mit ihren Tieren haben oder Hilfe bei der Haltung und Pflege Ihrer Lieblinge benötigen, können sich seit 2009 wieder vertrauensvoll an die Crusta-Hotline wenden. Hier erhält man die Möglichkeit, sich eingehend über sämtliche Haltungs- und Ernährungsbedingungen zu informieren, und hat im Notfall immer den richtigen Ansprechpartner parat.
Montag, Mittwoch und Freitag bekommt man dort unter 0911-3730686 telefonische Hilfe und praktische Beratung zu allen Themen der Garnelen-, Krabben- und Flusskrebshaltung. Die Beratung ist kostenfrei, es fallen lediglich die normalen Telefongebühren an.